U0268533

论现代建筑

現代建築の見かた

[日]铃木博之 著
杨一帆/张航 译

中国建筑工业出版社

序

在我社一直从事日文版图书引进出版工作的刘文昕编辑，十余年来与日本出版界和建筑界频繁交往，积累了不少人脉，手头也慢慢攒了些日本多家出版社出版的好书。因此，想确定一个框架，出版一套看起来少点儿陈腐气、多点儿新意的丛书，再三找我商议。感铭于他的执着和尚存的理想，于是答应帮忙，组织了几个爱书的学者、建筑师，借助他们的学识和眼光，一来讨论选书的原则，二来与平面设计师一道，确定适合这套图书的整体设计风格。

这套丛书的作者可谓形形色色，但都是博识渊深、敏瞻睿哲的大家。既有上世纪80年代因《街道的美学》、《外部空间设计》两部名著，为中国建筑界所熟知的芦原义信，又有著名建筑史家铃木博之、建筑批评家布野修司，当然，还有一批早已在建筑世界扬名立万的建筑师：内藤广、原广司、山本理显、安藤忠雄……。

这些日文著作的文本内容，大多笔调轻松，文字畅达，普通人读来，也毫无违碍之感，脱去了专业书籍一贯高深莫测的精英色彩。建筑既然与每一个人的日常生活息息相关，那么，用平实的语言，去解读城市、建筑，阐释自己的建筑观，让普通人感受建筑的空间之美、形式之美，进而构筑、设计美的生活，这应该是建筑师、理论家的一种社会责任吧。

回想起来，我们对于日本建筑，其实并不陌生， 在上世纪80、90年代，通过杂志、书籍等媒介的译介流布，早已耳熟能详了。不过，那时的我们，似乎又仅限于对作品的关注。可是，如果对作品背后人的了解付之阙如，那样的了解总归失之粗浅。有鉴于此，这套丛书，我们尽可能选入一些有关建筑师成长经历的著作，不仅仅是励志，更在于告诉读者，尤其是青年学生，建筑师这个职业，需要具备怎样的素养，才能最终达成自己的理想。

羊年春节，外出旅游腰缠万贯的中国游客在日本疯狂抢购，竟然导致马桶盖一类的普通商品断了货，着实让日本商家莫名惊诧了一番。这则新闻，转至国内，迅速占据了各大网站的头条，一时成了人们茶余饭后的谈资。虽然中国游客青睐的日本制造，国内市场并不短缺，质量也不见得那么不堪，但是，对于告别了物质匮乏，进入丰饶时代不久的部分国人来说，对好用、好看，即好设计的渴望，已成为选择商品的重要砝码。

这样的现象，值得深思。在日本制造的背后，如果没有一个强大的设计文化和设计思维所引领的制造业系统，很难设想，可以生产出与欧美相比也不遑多让的优秀产品。

建筑亦如是。为何日本现代建筑呈现出独特的性格，为何日本建筑师屡获普利茨克奖？日本建筑师如何思考传统与现代，又如何从日常生活中获得对建筑本质的认知？这套丛书将努力收入解码建筑师设计思维、剖析作品背后文化和美学因素的那些著作，因为，我们觉得，知其然，更当知其所以然！

黄居正

2015年5月

前言

我想先从一些朋友们的设计谈起。安藤忠雄完成的巴黎UNESCO总部的冥想空间，可以说是一个无关宗教的宗教设施，虽然规模不大却引来世界的瞩目。安藤的建筑不仅代表日本风格，而且已成为世界文化的代表。建筑中明快的构成形式和禁欲主义的表现手法，超越了民族和国家，在广阔的领域中引起共鸣。他设计完成的飞鸟博物馆，顺应古坟遍布的地形构筑建筑形态，营造出宗教建筑的意境。原本视线很难到达的屋顶部分被设计为巨大的台阶，这绝不是浪费，而是本着将建筑的每一个角落物尽其用的原则，既不是单纯的功能主义，也不是单纯地追溯历史。

建筑史学家藤森照信，曾被称为“建筑侦探”，以轻松有趣的建筑评论著称。最近，也因其自宅的设计而引起关注。通过在房子的屋顶和墙壁上种植蒲公英，藤森把著名现代主义建筑“玻璃住宅（glass house）”变为“草住宅（grass house）”。我的另一位朋友石山修武直呼其为“蒲公英住宅”。这座“蒲公英住宅”和被称为“韭菜住宅”的画家兼作家赤濑船原平住宅等，均为藤森尝试设计的植物寄生建筑。这些建筑已经超出了建筑史学家的研究范围，进入建筑设计领域。引入自然元素不是单纯希望建筑能够与环境共

*安藤忠雄「大阪府附近的飞鸟博物馆」

生，而是建筑师希望寻找消失的“建造过程”。藤森的第四个作品，天龙市立秋野不矩美术馆，混凝土外墙模拟土墙的效果，内部的支撑柱用天然的木材，最终以他独特的风格占据了日本建筑舞台的一席之地。他对当代建筑的诘问，幽默而深刻，是对淡漠的偏重客观性追求的现代主义建筑的猛烈抨击。

上文说到的曾为“蒲公英住宅”命名的石山修武，在东北的气仙沼市设计完成了“宫城县立Rias Ark美术馆”。这个美术馆的设计来自于石山长期从事街区规划所形成的工作理念，作品的独特之处在于其超越了建筑设计范畴的思考。石山的设计中隐含了对现代主义建筑的评判，认为不能把建筑作为孤立的作品对待。宫城县立Rias Ark美术馆是一座造型独特、刺激感官的建筑作品，喻示着工业化大生产带给人们的力量感和感官冲击。

至此我所提到的朋友们：安藤忠雄、石山修武、藤森照信，都是工作或职业和我相近的人，不仅是物理意义上的相

*藤森照信「蒲公英住宅」

近，在情感上也觉得非常熟识亲近。我想他们之所以给我这样的感觉，是因为我们有共同点——都是与泡沫经济无关的存在。建筑界在泡沫经济前后发生了巨大的变化，但是我们这些人并没有随之改变，因此我们彼此之间感到熟悉和亲近。不仅如此，在对待建筑的态度上我所说的这些人也存在共通之处，他们渐渐跨越了现代主义建筑的范畴，正在有意识地寻找新的理念，共通之处就存在于这种寻觅和尝试过程中。本书的内容以这种有意识的行为为阐述对象。本书希望通过重新认识建筑的发展状况来探讨一个问题，对于现代主义建筑的超越与颠覆，将会把人们引向何方；同时还将关注现代主义建筑本身在泡沫经济破灭前后所发生的巨大变化。

追溯现代主义建筑的发展，会发现泡沫经济破灭后，现代主义建筑从民用建筑逐渐向公共建筑转移。泡沫经济中华丽登场的建筑师们，很多人在此时开始从事公共建筑的设计。令人始料不及的是，在公共建筑渐渐成为建筑设计对象主体的过程中，有个性的建筑却越来越少。中坚建筑师们的公共

*石山修武「宫城县立Rias Ark美术馆」

建筑设计层出不穷，其中却很少有真正令人震撼的作品。我并不是说其中没有大胆的形态运用、新颖的材料表现等有意识的创新设计，而是这些设计总令人感觉在重复或翻版已有的设计手法或建筑形态。

反观世界其他国家的设计，却存在着不同的变化。东南亚国家在争夺着世界第一高楼的称号。西萨·佩里在吉隆坡设计的双子大楼，1996年4月建成后，以452米的高度从芝加哥的西尔斯大厦手中夺得了世界第一高楼的称号。巨大的建筑在不断涌现。1998年投入使用的香港国际机场（赤腊角新机场），是世界上覆盖面积最大的公共空间，而且还有3.5%的部分仍在建设当中。设计者英国建筑师诺曼·福斯特“探求充满通透自然光的宁静空间”，创造了可以令阳光自然射入的轻钢屋架。这些总体来说都是对于公共性的探讨。

以美术馆为例，最引人注目的是古根海姆美术馆的西班牙毕尔巴鄂分馆，由美国建筑师弗兰克·盖里设计，曲线构成的自由形态令人惊叹，镀钛表面闪烁着金属光泽。计算机的应用使自由形态的建筑（指具有任意曲线或倾斜造型的建筑，外观似乎要倾倒或倒塌的建筑，不同于传统的垂直墙壁及直角相交的建筑）得以在世界上广泛流行。实际上盖里是将计算机从飞机设计领域引入建筑设计领域的开创者。参观这座博物馆的人们无不认为这是一座开创建筑新纪元的杰出作品。毕尔巴鄂及近郊的人们曾为这座建筑集资，而由著名建筑师设计的独特建筑引来举世的瞩目，也使这个原本名不见经传的地区城镇成为重要的文化城市。

日本怎么样呢，1997年新京都车站投入使用引起了各界的关注。原广司通过设计竞赛获得了这个设计机会。从设计到建设，很少有一座建筑像京都车站那样引来如此多的争议。来自京都内外各界的批评大多集中在几点：认为其体量过大、形态杂乱无序、将京都分为了南北两段、破坏了景观等等，多是由于其庞大的体量而引起的问题。如此艰难诞生的京都站，在吸引客源方面无疑取得了成功，它是一个充满商业气氛的建筑空间，虽然车站的中央大厅很狭小。不过我想这是在计划之初就确定的思路，与其说是建筑的问题，不如说是京都市和JR公司方面的问题。在京都站规划方针的选择中，我们不仅看到了建筑所面临的危机，也更多地看到了城市的危机。

城市的脆弱性因地震而暴露无遗，1994年1月洛杉矶发生的北岭地震，使很多具有历史价值和文化价值的作品遭到损毁。包括莱特在20世纪20年代设计的住宅、1935年建成的麦当劳“黄金拱券”原型。美国在20世纪70、80年代吸取地震教训对建筑法进行修改，并进行了抗震加固，在地震中这次修订的成效显现出来，按照修订建筑法建设或改造过的建筑没有被损毁。北岭地震震级是6.7级，而专家预测洛杉矶未来将会发生的大地震震级为8～9级，专家们指出未来的大地震造成的损害将远不止这次的程度。

1995年1月17日发生的阪神·淡路大地震悲剧性地揭示了现代城市和建筑存在的问题。在这次地震中按照新的抗震标准建设的建筑物损毁少，震灾造成的损害集中在“既存不合格”建筑上，“既存不合格”建筑指的是诸多木造住宅、建成30年以上的钢筋混凝土建筑等不符合现在构造安全标准的建筑。损毁的原因之一当然是超出预计的地震破坏力，但是也说明如何强化既存的都市结构是我们面临的紧迫问题。然而另一方面，如果单纯追求建筑的安全性，又将导致以物质的安全性作为衡量建筑价值的主要标准。这种实用主义价值观的流行，带来的将是对都市的文化场所特性的忽视，以安全性等物质标准衡量价值的态度，最终将导致文化遗产建筑的消亡。

在地震灾害造成的阴影慢慢消散的3月份，东京地铁又发生了沙林事件，那是奥姆真理教犯下的罪行。事件本身暴露出了大都市中存在的无差别犯罪的危险因素，也揭示了大城

*富山县高冈市「瑞龙寺」

市面对这种危险时的防范缺陷。另外，奥姆真理教作为一个宗教团体，对其所建造和使用的建筑漠不关心，他们的宗教设施萨蒂扬是一座箱子似的建筑，既不存在对建筑表现的推敲，也没有对环境和建筑关系的考量。

从这一点可以看到这个宗教团体的精神实质：无视他人的看法，无视与他人的关系。抱着这种态度他们建设了萨蒂扬、散布了沙林，然而这种精神宗旨却能够吸引众多的年轻人。这个事实从侧面反映了城市中存在的不安定的精神状态和环境氛围。

当然也有另一些趋势存在，例如，政府和公众开始重新审视城市和建筑所包含的历史文化。二战结束50年，文化厅拓展了近代文化遗产的指定范围；将指定范围扩展到二战结束后建造的近代建筑。广岛原爆堂被指定为国家级文物，并被联合国认定为世界文化遗产，这是可以载入史册的一件事。

另外，1996年日本实施了文物建筑的登记制度，这个制度是对既有文物制度的完善和扩展。相较于“指定文物建筑”

在变更现状时必须取得许可这一规定，登记文物建筑只要求申报，是相对缓和的文物保护制度。1998年登记文物建筑数量已超过1000件，登记文物建筑的程序确立为制度。迄今为止数量未增加的文物建筑体系也在发生有趣的变化，具有代表性的是奈良正仓院和富山县高岗市的瑞龙寺。由于奈良市申报世界遗产的需要，正仓院被指定为国家级文物建筑，而此前由于正仓院由宫内厅（日本专门管理皇家事务的机构）直接管辖，从未被确定任何文物等级；另一处被指定为文物的瑞龙寺是江户时代的寺院建筑。由此可见文物建筑指定范围的扩展倾向。在近代建筑的传承方面，也出现了引人注目的变化，明治生命馆、三井本馆等城市中心部的大型近代办公建筑被指定为国家级的文物建筑。因为国家级文物建筑的指定必须获得所有者的同意，若非取得了所有者的理解则不能实施，由此可见一些所有者已经意识到了建筑物作为都市文化历史表征的重要性。

1998年勒·柯布西耶设计的东京国立西洋美术馆的增建工程完工，工程采用了免震结构对本馆进行保护，这种新的保护措施引起各界关注，这种保护措施的使用频率有望增加。其他的尝试还有第一劝业银行的保护工程，将银行红砖砌筑的诚之堂，与钢筋混凝土建造的小楼清风亭2个小建筑，从濑田迁建至埼玉深谷市。这种迁建方式不同于传统的迁建茶室时使用的“落架重建”方法，是一种新的迁建保护措施，因为迁建目的地深谷市和施工方清水建设的努力而得以实现。这两个项目体现出了人们将建筑物与其历史环境一起移动保护的意愿。

但另一方面，1997年综合考虑租赁建筑安全性和收益性后，东京站前的标志性建筑丸之内大厦被拆除，用新建筑取代了旧建筑。除了丸之内大厦的拆除，旧国铁总部的出售、日本工业俱乐部的再开发等行为使都市历史痕迹加速消失。特别是丸之内大厦，作为日本都市型写字楼的先驱，二战前的时代标志，它的被拆似乎喻示着一个时代的终结。让人不禁忧虑，自此日本再没有历史性的城市中心景观存在；这种现象和行为的显性化与经济状况的恶化息息相关。我们对这种现象似乎无能为力，实际上，这正是将城市、建筑及文化置于经济状况支配之下，使其成为经济附庸的一种表现。

概观时代特征，这四五年的变化在城市和建筑领域似乎表现得并不明朗。但是对于建筑的观点却在渐渐发生变化。这种变化不仅体现在当代建筑中，也反映在历史建筑保护领域。其中一个表现就是对建筑“真实性”的探讨。1994年11月奈良文化厅与国际古迹遗址理事会(ICOMOS)共同举办的奈良会议召开，会议围绕历史遗产的真实性展开了讨论；并主张历史传承、历史情感等价值也应作为评价的标准。此前，对于建筑遗产价值的评价主要针对建筑是否保持了原状，在此基础上围绕其真实性展开讨论，所以内容主要集中在“材料、设计、技术、场所”几方面。但是在奈良会议中，此前的“真实性（Authenticity）”的要素范围大幅扩展，提出了6组，12个项目，这种改变体现了新的建筑观不再是教条主义的陈规。具体内容为“形式与设计（form，design）”、“材料与物质（material，substance）”、“用途与功能（use，function）”、“传统与技术（traditions，techniques）”、“区位与场合（location，setting）”、“精神与情感（spirit，feeling）”。

如果我们将关注点放在文化遗产范畴而不只是西欧传统意义的纪念性上，就会发现忽视了上述要素则无法把握文化遗产的实质。美国印第安部族阿帕切的Ronnie Lupe酋长在1997年曾经进行过这样的演讲。

“阿帕切部族的人相信‘智慧蕴藏在周围的环境中’，我们的山川、泉水以及其他地方都有他们自己的故事，在倾诉着他们存在的意义。来自我们家园的智慧如同水流，我们从环境中汲取智慧，智慧之水永不枯竭，我们在熟悉环境的同时获取其中的智慧。我们记住他们的名称，忆起其中发生的事情，阿帕切族人知道，只要这样的过程延续下去，我们的部族就能够走得更远，生存得更长久，我们就能够更有智慧。”

世界文化遗产基金会主席伯纳姆（Bonnie Burnham）在介绍这段演讲时说“我们每个人都从环境中汲取着智慧”，也许这就是文化遗产的本质。

真实性（Authenticity）这个概念，不仅针对文化遗产的本质，也可以扩展到现代主义建筑的本质问题，作为评价现代主义建筑的参考要素。特别是奈良真实性文件后半部分提出的传统、技术、区位、场合、精神、情感等，在现代主义建筑中曾因为无法计量而被排除在外的要素。重新认识这些要素的意义，将使现代主义建筑更符合人类精神，并协调建筑与城市的关系。

其中最应该关注的要素是“区位与场合”、“精神与情感”，这些要素很难定量化。但是他们却是特定场所、场合所固有的，不可复制的要素。现代主义建筑重视普遍性和共通性，因此无视印证人性存在的历史因素，及上述特有因素，因而欠缺发展性。在实际设计中，建筑师们一直在努力将特有元素普遍化，但是无论是建筑还是人，进而包括建造场所都有其固有的特性。现代建筑应该以发现这种固有特性为目标。

从发现固有特性的角度来看，再回过头看开篇叙述的三位建筑师的工作，会发现他们是具有共通性的，这一点向我们提示了现代建筑的评价方式和观察角度。在本书的最后以场所结尾，因为场所是智慧的居所，是文化积淀的形式表达。

目录

装饰

部分与细部等价

过去与现代等价

是现代建筑对于装饰的理解

讨论现代主义建筑是一个比较艰难的话题。虽然泡沫经济破灭了，但是我们身边的新建筑层出不穷。引人关注的具有魅力的建筑、令人对未来充满理想的建筑、让人不安的建筑，新建筑们拥有各式各样的表情。

现代主义建筑被评价为白盒子、单调的建筑、功能主义的建筑，比起它们当代建筑已经向前迈进了一大步。那么是什么造就了当代建筑多样的表现，又与现代文化有什么样的联系，是我首先想探讨的问题。

建筑与一般的造型艺术不同，不是单纯再现或描画一个事物；同时建筑也不单纯是提供实用空间的设施，或技术堆积的产物，它必须具有某些意义，表现某种事物。这是建筑的难点所在，也是趣味所在。

现代主义建筑孕育了临时步道桥?

说到此处我想起一件事情。早些年我和哈佛大学的诺曼·布莱逊（Norman Bryson,他曾将性别论和符号论方法引入艺术分析中）在东京漫步，说起了关于步道桥的话题。

当时我们都觉得，日本的城市经常用步道桥的台阶将行人全部赶离地面，让机动车在道路上自由行驶，这在世界范围都是少见的。至于为什么会形成这种状态，我们分析的原因很有趣，我是这么想的：

“我们日本人，将这种原本没有的新生事物当做透明的存在，就像歌舞伎中的黑衣人。如果不这样，就无法在一天到晚都在施工的日本城市中生活。”

布莱逊说：“步道桥原本就是临时性的，步道桥是原封不动地使用H型钢的工业制品框架，这种完全不进行加工的使用方法正是表现了这种临时设施和材料的本性。”

听了他的话，我只是觉得有趣，当时却未深想。

但是后来忽然一转念：

现代主义建筑以功能主义为主旨，追求实用性的功能主义是现代主义建筑的理论支柱。实用的临时性的日本步道桥不

*［注1］亨利・拉赛尔・希区柯克（Henry Russel Hitchcock）1903年生于波士顿，哈佛大学毕业后，曾在史密斯学院、耶鲁大学、MIT任教。多有著述，曾多次在美国的美术馆举办建筑展览。

菲利普・约翰逊（Philip Johnson），美国建筑师，1906年生于克利夫兰，1930–1936年、1946–1954年就职于美国纽约近代美术馆。与希区柯克一起通过著述和展览会宣传提倡「国际主义」。

正符合现代主义的定义吗？但是步道桥的形态简陋而冷漠，与现代主义建筑之间似乎又存在歧义。

因此，似乎有必要再一次重新审视现代主义建筑所标榜的“功能主义”的表现方式。

“国际式”的三个原理

H・R・希区柯克和P・约翰逊［注1］的《国际式风格》（1932年）一书，对现代主义建筑的造型表现进行了归纳，称之为国际主义风格的形式。让我们从他们的理论入手，他们将国际式风格建筑的原理归纳为三点：

一、体量化的建筑

二、规则性的建筑

三、排斥装饰的建筑

其中，关于装饰，有如下的论述：

“与继承19世纪设计方式的人不同，欧洲极端的功能主义者们遵从严格的反美学理论，设计和建造着世界各地的建筑。”

“在追求规整的水平性的同时，无装饰是当代建筑区别于过去的建筑风格及近一个半世纪风格混杂局面的标志。”

也就是说，国际式消除了过去建筑上人们习以为常的装饰和细部。他们认为，原因之一是制造精细装饰的工艺已经开始消失，所以现代主义建筑的实用主义表现产生。但是现代主义建筑中对装饰的避讳，并不只是出于装饰手工艺消失这一消极的原因，还存在着积极否定装饰的理论。1908年奥地利建筑家阿道夫·路斯［注2］发表了《装饰与罪恶》一文。

“文化的进步意味着在日常用品中消除装饰。”

“想一想吧，我们的时代没有产生新的装饰，这恰恰是我们时代的伟大所在！证明我们已经克服了装饰的诱惑，摆脱装饰成长起来。看，实现这一景象的时代已经近在眼前！很快，城市的街道两侧的白墙将闪耀光华，如同神圣的城市、天国的首都锡安山般展现灿烂的景象。当这样的光明来临，

*［注2］阿道夫·路斯 Adorf Loos，1870-1933年。奥地利建筑师，在美国期间深受工业建筑影响，批判了当时流行于奥地利的新潮派、分离派等新艺术风格的建筑。以「装饰产生罪恶」为主旨指出了现代主义建筑的方向。创作了「斯坦纳住宅」（1911年）等排除装饰的建筑作品。也有人主张《装饰与罪恶》应该译为《装饰与犯罪》。

*［注3］密斯·凡·德·罗Ludwig Mies van der Rohe，1886–1969年。美国建筑师，生于德国亚琛，1930年出任包豪斯学校校长，其后赴美，开始设计工作。他的设计作品的造型确立了近代高层建筑的形式。

*［注4］弗兰克·劳埃德·赖特Frank Lloyd Wright，1867–1959年。美国建筑师，生于威斯康星州里士满。完成了东京帝国饭店的设计（1923年竣工，1967年拆除，中央大厅迁至明治村保护展示。）

一切都能够实现。”

A·路斯认为以刺青装饰身体，在墙上绘制壁画标志着原始艺术的萌芽，脱离这个阶段后，就开始了对文明的新表现方式。

但是，路斯预言的现代主义建筑，是否真正摆脱了装饰呢？希区柯克和约翰逊认为做到了。然而这真如路斯所言是“文化进步”吗？日本的步道桥，从排除装饰的角度而言做到了极端，那么它也代表了文化进步的极致吗？

现代主义建筑真的能够规避装饰吗?

为了区别现代主义建筑与日本的步道桥，我们从现代主义建筑的代表人物之一密斯·凡·德·罗［注3］的建筑表现入手。

他与弗兰克·劳埃德·赖特［注4］、勒·柯布西耶［注5］并称现代主义建筑三巨匠，他改变了此前塔形高

*［注5］勒·柯布西耶 Le Corbusier，1887-1965年，生于瑞士的法国建筑师、画家。1928年，主导了CIAM（现代主义建筑国际会议）的成立。代表作有建于普瓦西的萨伏伊别墅（1931年），马赛公寓（1952年）。并参与了印度昌迪加尔的规划。

层建筑的形象，代之以均质空间的叠层建筑。人们对现代主义建筑“刀切豆腐”的评价，很大程度上来自于对密斯·凡·德·罗设计的建筑的印象。他在20世纪20年代提出了钢结构高层写字楼的原型意象，预见了二战后写字楼的发展趋势。并且二战后在曼哈顿设计了以西格拉姆大厦［注6］为代表的建筑，建筑上未曾使用任何装饰和浮雕。

这些使用钢结构、外覆玻璃幕墙的高层建筑，既是体量组合建筑，又具有规则性，排除了一切装饰。也可以说是垂直方向叠加的国际式建筑。即使在当代，密斯所创造的建筑形式仍在世界各大城市随处可见，仍是基本的建筑形态。

但是，不容忽视的是，他的建筑中所表现的洗练的造型，实际上来自对细部精心地营造。外墙的玻璃幕所表现的是大面积的磨光玻璃板和方形钢框所形成的范式。这种洗练的壁面，喻示石造、砖砌等厚重材料建筑已经过时，而对玻璃和钢铁的运用使现代主义视觉化。

对，就是“视觉化”。

*［注6］纽约的西格拉姆大厦（1945–1958年）是密斯·凡·德·罗和菲利普·约翰逊合作设计的「由钢结构和玻璃建造的摩天大楼」项目。

设计中使用了钢结构，密斯在建筑表皮上使其“视觉化”。钢结构因其体量轻盈使建筑可能实现高层化，但是钢结构在耐火性方面存在缺陷，遇火时强度大幅降低，像糖果般融化弯曲。因此必须在作为结构体的钢结构外覆盖耐火层。具体措施包括附加石棉等材料，因为钢结构不能直接外露。

正因纤细而轻盈的钢结构不能外露，为了暗示结构体，密斯·凡·德·罗在玻璃幕墙外附加了纤细的钢制方形框格。因为这些钢框是为了使结构“视觉化”的外覆材料，所以没有必要如真正的结构体那样使用太粗的钢材。因此从美观的角度出发，洗练、纤细、比例均衡，就成为材料选择的要点。

这样的外壁构成，难道不是一种装饰吗？事实上甚至有一种评价认为，最具有现代主义建筑师特征的密斯·凡·德·罗，他的作品最具有装饰性。

现代主义建筑究竟是否排斥装饰，并不是一个可以简单下结论的问题。人们曾经提出功能主义的表现中没有装饰参与的余地，去除装饰是功能主义建筑的表现方式，现在这种说法不再具有很强的说服力。最简单的例子就是我们不满足于步道桥那样的建筑。

装饰表现了人类思考的本质

结合对现代主义的再认识，从更广阔的视角来考察有关装饰的问题，将会发现：装饰的表达，并不是掩盖事物本质的外衣，而是人类思考本质的表现之一。

围绕装饰的探讨，针对装饰的本质存在各种解释，它们扩充了装饰的意义和可能性。根据定义不同，装饰具有可扩展至任何空间维度的特性。

近年出版的关于装饰论的著作之一《关于装饰的思考》，O・格拉巴［注7］在其中对装饰做出了如下定义：

装饰（decoration）

*［注7］O・格拉巴（Oleg Grabar）普林斯顿高等研究所的历史学教授，早年是哈佛大学阿加罕纪念伊斯兰美术讲座的教授。是中世纪美术史学家安德烈・格拉巴的儿子。

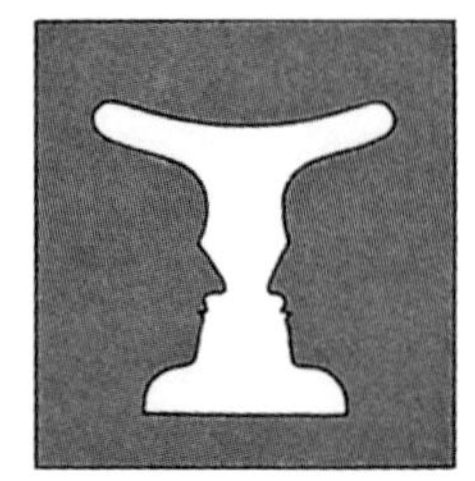

附加在结构体上的、在结构体的安定性、用途及理解方面没有必要的事物。

装饰物（ornament）

如果脱离技法图册或所装饰的物体，就没有存在意义的物品。

格拉巴是以阿拉伯式花饰等类型的装饰为参照来下定义的，如果严格按照他的定义来推敲，那么这个世界上就没有装饰了，又可以说所有的事物都是装饰。为什么这么说呢，以阿拉伯式花饰为例，对于理解它所装饰的事物发挥了作用，是必不可少的要素，因此属于事物的本质范畴，不再是装饰。

从定义的角度论述了装饰问题后，我们进一步从对待装饰的态度来探讨。对装饰采取回避的态度，或亲近的态度，将使装饰的世界如同转动万花筒般，发生颠覆性的变化。不论哪个世界，都包含着对于装饰的真实认识。盛行于20世纪初的观点认为装饰是不纯粹的，排除一切装饰的建筑才是纯粹

*［注9］1968年的巴黎五月革命是世界范围学生运动的起点，对近代社会中认可的近代化提出了广泛的异议。学生们认为西欧近代化是在压迫第三世界的基础上成立的，因此他们对西欧型的社会结构持否定态度，由此发展到动乱。

*［注10］高迪Antonio Gaudi y Cornet，1852-1926年，出生于加泰隆尼亚的西班牙建筑师。因为开工于1883年，现在仍在持续建造的巴塞罗那「圣家族大教堂」而闻名于世。

的建筑。但是那个时代也运用了使表现更加洗练的手法，其中有些手法似乎可以称作装饰。

就像“鲁宾的花瓶”［注8］，根据观察的角度不同，有人觉得是人的侧面，有人觉得是杯子。建筑的表现也可能因为解释的差异而被认为是装饰或不是装饰。

我们正在逐渐接近事物的本质，与其说装饰随着现代主义建筑的确立消失，又随着现代主义建筑的变化复活，还不如是说经历了建筑反装饰思潮的形式化和表象化后，装饰思潮再一次复权了。

装饰拥护论与现代批判的观点

装饰思潮的复权，不止是因为潮流的变化、装饰愿望的兴起这些风格形式范畴的因素，从更广阔的视野来看，这种现象是整个20世纪文化变迁的产物。

毋庸置疑，装饰的问题会把人们引向“本质与非本质”、

*［注11］百水先生Friedensreich Hundertwasser，画家，1929年生于维也纳。因运用原色的抽象画而闻名，70年代开始转向城市建筑领域。1986年完成了装饰表现主义风格的、五十户人家的维也纳公营住宅（右侧照片）设计。

“结构体与附加物”、“功能与非功能”等二元论的思考，所有二元概念中装饰都属于附加的、不纯粹的、非本质的一方。结果就是装饰被解释为虚饰的部分和多余的内容。被冠之以“附加”、“非”、“不”、“虚”等负面的语汇进行分类。

装饰拥护论的一个立足点就是从积极的角度寻找“附加”、“非”、“不”、“虚”这些语汇的意义。或者说改变其负面价值，从精神层面的表达作用上去理解。对应西欧的二元论，导入东方的阴阳观念，或是从表现的两面性入手，都成为转换负面价值的思想基础。

这种思潮与20世纪60年代末的五月革命［注9］所代表的现代批判的视角相吻合。此前现代化及其所代表的进步意义虽被一再确立和肯定，但此时人们开始意识到这种现代化不可避免地存在对其他领域的压制，而且“开发”正不可逆转地消耗着地球的资源。意识到这些，人们开始因为新的目的重新审视以往被抛弃的许多价值。

*［注12］象设计集团Atelier Zo，1971年以樋口裕康、富田玲子等人为中心成立的设计集团，1982年因冲绳县名护市厅舍的设计而获得日本建筑学会奖。

70年代至80年代，西班牙建筑师高迪［注10］的造型被重新认识，因为它提供给我们新的时尚土壤。奥地利画家百水先生［注11］、日本的象设计集团［注12］的工作引起人们的关注。

装饰思想的复权，以现代主义批判的反主流文化为开端，发展进步到表现公民权的层面。现代主义建筑并没有真正脱离和避免装饰，这一点从被称作后现代主义的诸多作品中能一目了然。在建筑上，样式的细部、式样和花纹等曾被抛弃的装饰，被作为体现观念变化的标志进行着运用。

汉斯·霍莱因的“哈斯商厦”

在现在的装饰与现代主义建筑的关系中，装饰已经不再是反主流文化的表现；支撑装饰思考成立的本质与非本质的认识论基础也一样不再成立。

定义现代主义建筑的概念，如“功能”、“机械”、“生

*［注13］汉斯·霍莱因Hans Hollein，1934年生于维也纳的奥地利建筑师，伊利诺理工学院学习、加利福尼亚大学毕业。1964年独立开业，活跃于维也纳、杜塞尔多夫等地。1985年获得普利兹克奖。

*［注14］哈斯商厦，汉斯·霍莱因设计，1990年竣工。因建在维也纳名胜圣史蒂芬教堂前，引起广泛关注。

*左图 哈斯商厦

产”、“社会”等，或是由于对象转变为不可见的事物，或是已无法用单一概念进行概括和解释，早已失去了20世纪初那样明确的意义和观念。

在这种情况下，什么是建筑本质的部分，什么是非本质的附加部分，很难单纯地区分。建筑师们在建筑创作中寻找着与过去不同的建筑本质。至此我们可以得出这样的结论：过去的建筑装饰，以安定的建筑形象和安定的装饰形象共存而确立；现代主义建筑的装饰要素，因为建筑与装饰形象都产生了扩展而确立。

1990年维也纳建筑师汉斯·霍莱因［注13］设计的哈斯商厦［注14］竣工，这座建筑是现代主义建筑探索建筑与装饰之间存在关系的范例。在欧洲的历史文化城市中，维也纳的历史文化气息格外浓厚；中世纪的圣史蒂芬大教堂耸立在城市中心，统括着旧城的天际线。

哈斯商厦就建在圣史蒂芬教堂的对面，建在历史街区的中央。建筑一半外墙贴石材，带有怀旧的意味，但是在中途石

*维也纳的霍莱因作品，下页左至右：「蜡烛商店」、「宝石店1」、「宝石店2」、「奥地利旅行代理店市内分店」的内饰椰子树小品。

材突然消失，代之以镀膜玻璃。建筑物面向教堂突出弯曲，镀膜玻璃包裹着圆柱形态的建筑。

所有要素等价

哈斯商厦的设计公布时，有反对运动甚至市民游行，抗议其破坏了古都风貌。

确实那是一个新锐的设计，无法与大教堂协调，但是与大教堂周边的19世纪建筑立在一处，却并不给人不协调的感觉。这座建筑弯曲突起的外形，复原了此处原有的城墙形态，在这个意义上是延续历史文脉的设计手法，也就是文脉主义的建筑。

建筑的外部汇聚了令人联想起不同时代的表现要素，建筑的内部作为复合商业设施使用，也汇聚了多元的表现要素。例如，高举彩虹标识的装饰风格人物；似乎是受日本影响而设的小桥等。

在这里，维也纳城市的诸多历史元素，或者说各个时代的文化主题汇集在一起，被赋予同样的关注。建筑家这样做并不是按照一定的叙事结构串联各种要素，也不是为了批判现代主义而引用历史元素。

对建筑的所有要素一视同仁，不再人为地排列顺序，作为现代设计的主题将它们汇集，可以说是一种虚无主义。也许我们可以把它定义为现代文明中消费主义表现的典型实例。

所有要素等价并存的理念，传递给我们一种建筑师的观念，建筑的所有细部、所有元素主题与建筑整体具有同等的重要性；而不是先完成建筑整体的构思，再由细部对建筑进行修饰的设计观念。部分与细部等价，过去与现代等价的观念孕育了这座建筑。而这种观念和思考方式就是现代主义建筑的装饰思想。

这座建筑完全脱离了现代主义建筑等于功能主义建筑的层面，而且不是单纯的脱离，而是在现代主义建筑所具有的多样性表现中选取了最有力的一种方式。

弯曲的镀膜玻璃壁面所映射的圣史蒂芬大教堂的形式是变形的，“变形反映过去”的现代主义建筑，表明了自身对于过去文化的立场。

汉斯·霍莱因说“一切都是建筑”，表明了他的立场和态度，也许在他眼中所有的城市都有着与哈斯商厦相似的结构。

功能

「形式追随功能」到
「形式追随感觉」
这是现代的功能认识目标

*［注1］威特鲁威Marcus Vitruvius Pollio，公元1世纪的罗马建筑师、技术者。活跃于罗马奥古斯都皇帝时期，著《建筑十书》，共10卷，概括了建筑的相关问题，是当时的技术科学百科全书。

现代主义建筑一直被称作功能主义的建筑。实际上不止现代主义建筑，建筑本身就是提供功能的巨大装置，并且持续表达着它的功能。

在著名的古代建筑书籍《建筑十书》中，威特鲁威［注1］提出“建筑必须遵循坚固、实用、美观的原则”。威特鲁威是纪元前后诞生的建筑家，他的理论已经存在了约两千年，但仍影响着世人。他所说的遵循实用原则，指的正是符合功能要求的建筑。

那么我们可以从两个问题的探讨来厘清建筑与功能的关系。

首先，对实用问题，也就是对功能问题的重视已经由来两千年，为什么在现代主义初期受到了前所未有的关注。其次，现代主义建筑对于功能的认识发生了什么变化?

“形式追随功能”

讨论功能主义与建筑的关系时，人们经常引用沙利文

*［注2］路易斯·沙利文 Louis Henri Sullivan，1856-1924年。活跃于芝加哥的美国建筑师，毕业于马萨诸塞州理工大学。代表作有芝加哥的「会堂大厦」、圣路易斯的「温莱特大厦」。弗兰克·劳埃德·莱特是他的学生。

［注2］的言论。即他在1896年发表的<高层办公大楼在艺术方面的考虑>中提出的“形式追随功能（form ever follows function）”。

沙利文提出了造型观念的立场，即功能决定形式，功能性的形态最完美。这种造型观决定了现代主义建筑的造型意识、价值观，且影响至今不衰。

沙利文的名言，在20世纪即将拉开帷幕时出现，如同是20世纪的语言，支配了20世纪建筑的发展。我想请大家关注的问题是，这句名言出自他探讨办公楼建筑的文章中，而办公楼本身也是20世纪重要的建筑分支。

沙利文在探讨20世纪具有中心地位的办公楼时提出“形式追随功能”，功能主义者将其作为现代主义建筑的口号，这个过程给了我们启示。

*［注3］19世纪末的设计运动，以英国艺术家、诗人、思想家威廉·莫里斯William Morris(1834–1896年)为核心。莫里斯1861年成立莫里斯·马歇尔·福克纳商会，推进工艺美术运动，他们追溯的是中世纪手工业，思想上信奉社会主义。

大量生产体系的价值尺度

自古代开始即为人们所重视的功能问题，在近代占据了建筑的支配地位，不仅是由于建筑的变化，更是源于社会的变迁。

工业革命引起了社会结构、生产方式、城市结构等领域的深刻而广泛的变革。工业革命后的生产是以机器生产、工厂生产为基础的大生产。

工业革命初期人们经常批评这种大生产的产品粗制滥造，只以销售为目的。为此，威廉·莫里斯主导的工艺美术运动［注3］曾试图以手工制造的物品装点生活，使生活艺术化。

但是以机器生产为基础的大生产体系来势汹汹，大生产体系带来的产品不是粗陋的产品，它们满足了大多数人的需要，机器生产体系更符合新时代的要求。在制造方式、购买方式、消费方式等任意环节，前近代那种个人对个人的交易方式发生了改变，转化为多数对多数的近代体系，这使既有的价值尺度面临必然的改变。

那么既有的、前近代的价值尺度，以个人对个人为基础的制造方式的价值尺度是什么呢？是支撑前近代社会存在的悠久的传统、习惯、禁忌或者风格。结构稳定的社会中逐渐培养起来的价值尺度是制造业的基础，以传统因素、个人爱好和性格加以修正，就形成了制作工艺。人们可以从中找到符合自己爱好和需求的制品。

到了以多数对多数为基础的近代社会，基本的社会结构发生了巨大的变化。社会的禁忌消失，与身份相符的风格、传统、习惯变得与从前的社会完全不同。在向新时代转变的时期，也曾有一种倾向，试图以过去的风格形式来适应变化。但是历史留下了教训，模仿过去只会产生粗鄙的作品。

经过混乱的过渡时期，新的价值尺度产生了，那就是“功能”。“功能”显示着基于用途的制造目的，意味着脱离了既往那些“传统”、“习惯”、“禁忌”、“风格”的桎梏获得了自由，不必再承担“喜好”这一暧昧标准的评判。针

*「基布尔宫（温室）」格拉斯哥

*［注4］19世纪末建造的具有新功能的建筑。

对多数人的生产与多数人的消费，功能是连接二者的价值尺度。这就使“功能”随着近代社会新生产体系的产生而登上历史舞台。

“功能”进一步被看做是近代社会人与事物的存在根基，人和事物的存在意义只有具备了功能才被认可。这种功能主义的理论被推广至各个知识领域。

孕育写字楼新形式的芝加哥学派

让我们把讨论推进到建筑领域。随着近代社会的确立，具有新功能的建筑陆续出现［注4］。工厂是其中的典型，铁路设施、随着公共教育的普及而建设的新型学校、规范化的医院、对应城市化问题的集合住宅；还有博物馆和温室，其中收纳着世界各地的奇珍，它们因欧洲扩张的逆向作用流入；还有大生产社会产生的集合形式的案头工作场所——写字楼。

*「巴特西发电厂」伦敦

针对这些承担新功能的建筑群，19世纪曾用过去建筑的形式去对应，如中世纪哥特风格的车站、医院，巴洛克风格的公共建筑等。向近代体系迈进第一步的19世纪，充斥着样式复兴的设计，没有人想到用既有风格以外的形式来包容新功能。

在大量的新类别建筑群中，最新、最具有普遍性的建筑是办公建筑。

工厂、车站等也是新类别的建筑，但是在新鲜程度上甚于办公建筑，受到了特殊对待。而办公建筑与其相比，虽然使用它的业种可能不同，但是基本特征却是共通的。办公建筑既是新类别的建筑，又是极具普遍性的类别，因此与其他建筑相比，它在建筑表现方面的应用幅度更大。这种大范围的建筑表现，决定了办公建筑在最初采用了宫廷式的保守风格，但是当人们意识到办公建筑提供的建筑表现的自由度时，就产生了以办公建筑与“功能”相对应的想法。

最早出现新型办公建筑的是新大陆美国的商业都市芝加

*「港湾大桥」爱丁堡

哥，芝加哥的新建筑风格被称为芝加哥学派［注5］，这个学派的代表人物沙利文发现了新建筑的特征。

“形式追随功能”——标志着20世纪特征的语句就这样诞生了。

以功能概念作为衡量事物存在价值的尺度，使事物从形v式和习惯束缚中解放出来，对高效率社会的产生起到了巨大的推动作用。现代社会确实是一个功能性的社会。

但是到了20世纪末，功能概念本身发生了变化，变得模糊不清，让我们以办公建筑为例来探讨。

如何表现数字化的不可视功能

作为容纳案头工作场所的设施，办公建筑首先需要的就是提供充分的空间和明亮的光线。19世纪的建筑普遍光线昏暗，这种昏暗令人产生厚重感。但是案头工作必须获得的是充足的光线而非厚重感，需要尽量大的采光面积，开放的建

*［注5］经过1871年的大火灾，在重建过程中产生新型建筑，即被称作芝加哥学派建筑的钢结构高层办公楼。由伯纳姆与罗特设计，1890–1894年建造完成的「瑞莱斯大厦」（右图）是其代表作。

筑空间。柱子越细则对空间的制约越小，窗的面积越大，在这方面钢结构比传统的石砌建筑或砖砌建筑具有优势。

在有限的用地内，如果要获得尽可能大的工作空间，高层建筑无疑优于低层建筑；而使建筑实现高层化则必须使用轻质的坚固的结构体，在这一点上钢结构也具有明显的优势。

芝加哥派推出了具备大面积采光窗、钢结构的新型高层办公建筑。在新型办公建筑的开拓时代，高大的建筑、大面积的窗户，无一不向人们显示着高效的建筑物正在用这些特征解决着那些因新类别产生而存在的建筑与功能的矛盾。

到了第二次世界大战后，覆盖着玻璃幕墙的全玻璃外壁的高层建筑开始统领世界。现代主义建筑正如字面意思所述，成为国际式风格，直至60年代末，它们遍布了世界各地。

同时机械领域中的数字化也开始发展。办公室里的打字机被计算机代替，电动式、数字化的机器开始出现。计算机、复印机、传真、信息通讯网，进而出现了支持这些设

*［注6］例如布罗门再开发，就是伦敦北部以利物浦街车站为中心的办公建筑群的再开发。活化了伦敦市区，并且带动了周边形成一体化的办公区域。并没有建造超高层建筑，而是建造了高性能的办公建筑。

备和机器运转的设备机器组。建筑的内容物已经完全不同于以前。

但是，这些数字化和高性能的建筑设备所具有的功能优势却无法直观地反映到建筑外观上。数字化在本质上就是将功能不可视化的程序。“形式追随功能”对于这个不同维度的建筑而言，显然失去了意义。

60年代末以后，初期现代主义建筑的表现发生了变化。由于功能所要表达的是有别于现代主义初期的不同维度的内容，出现了后现代、高技派等不同倾向。

对于具有高性能的建筑，施以与之相符的有意识的表现［注6］。具备高端信息处理能力的智能化建筑的表皮，经常是平滑的高级石材或钛合金板外壁，与其说是在表现功能本身，更确切地说是在有意识地表现不可视的，包括精密、耐久、高级等功能性质，是“隐喻”的表达，即符号表达。

这时，将功能与历史性、文化性一样通过符号加以表达的倾向被称为“后现代主义”；揭示功能的内部机体，有意识地将其作为符号运用的倾向则为“高技派”。

以符号表现世界的统一体系

利用符号表达建筑的功能，并不意味着脱离功能的范畴，而是意图通过符号表达，使不可视的建筑功能和性能可视化。

表现的符号化正在波及每个类别的建筑，不同类别的建筑都以世界范围共通的体系为基础，而建筑表现以符号使这种体系可视化。

超级市场、便利店、专卖店等建筑，世界各城市包裹着同样的外套，披覆着超级市场标志、品牌标识的记号，内部容纳着世界共通的体系。使用过了日本的超市，则去往其他世界任何城市都知道如何利用超市。反之其他国家的人，只要利用过超市，知道这套体系，那么到了日本也可以自如的利用超市购物。在这个体系中起支配作用的不是语言，而是商

*［注7］伦佐·皮亚诺 Renzo Piano，1937年生于意大利热那亚。米兰工学院毕业，因与理查德·罗杰斯共同设计「蓬皮杜艺术中心」（1977年）而闻名。曾获关西国际机场航站楼设计竞赛的优秀奖。

品与价格的对应关系。

这套超市、便利店体系也扩展到其他领域，加油站、地铁的自动检票机、国际机场，我们在各处都可以碰到全世界统一的体系。这一点表现了现代社会的又一个侧面，标准化和规格化带来的便利性。可以说是一个巨大的成就，使世界在时间和距离上变短，拉近了因文化和习惯造成的间隙和隔阂。我们越来越接近成为世界住民。

如果说以建筑作为体系的符号表现，是现代社会的特征，那么这种倾向也反映了现代社会的发展方向，提示了现代社会中新的功能主义建筑。

但是，当建筑设计普遍使用共通的符号表现着共通的体系，世界上将遍布单一化、均质化的空间，同时也说明了现代社会带有的单一化倾向。

伦佐·皮亚诺的“关西国际机场”

现代主义建筑的关注对象“功能”，在数字化时代成为不可视的事物，那么此时是否存在一种可能，不仅将其转化为符号或标记予以表现，还能将世界共通的体系与固有的建筑表现相结合。

伦佐·皮亚诺［注7］设计的“关西国际机场”［注8］航站楼就是在尝试从造型角度给出这个难题的答案。

国际机场的体系，就如超市一样，在世界范围内具有共通性。为了让进出国的人能够顺利地乘降飞机，必须提供安全、舒适的系统，因此应最具有系统性。但这样做的结果就是世界各地的国际机场都给人相似的观感，当你顺利登上飞机后，留在印象中的大多只是那些长长的通道。

当喷气式客机将我们的飞行梦变为现实，人类迎来了新的局面。面对这种新局面，埃罗·沙里宁［注9］曾设计了纽约的JF肯尼迪机场TWA航站楼［注10］，以鸟的翅膀作为设计

*［注8］在距大阪湾东南部的冲合5km处海上建造的510ha的巨大人工岛，具备一条3500m的跑道。航站楼入口部分设计为可引入外部阳光的巨大吹拔空间，被称为「峡谷（Canyon）」（下页图）

*［注9］埃罗·沙里宁Eero Saarinen，1910–1961年，生于芬兰。活跃于芬兰和美国的建筑师，最初是帮助其父，著名的建筑师艾利尔·沙里宁工作。代表作有肯尼迪机场及华盛顿的杜勒斯机场。

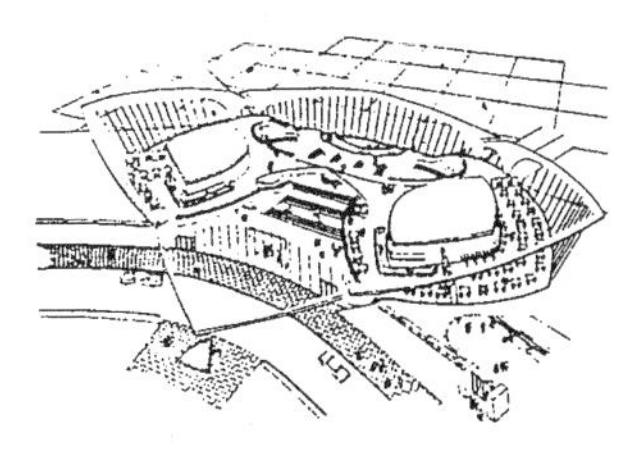

*［注10］TWA航站楼（1962年竣工），是50年代美国现代主义建筑黄金时期的代表作。

的原型。这种崭新的表现手法延续到华盛顿的杜勒斯机场、巴黎的戴高乐机场。但是其后，为了顺利地解决大量旅客的乘机问题，机场这种典型的系统化建筑，逐渐演变为一种巨大的传送机器。

“形式追随感觉”

关西国际机场的设计以表现巨大机场的“巨大性”，换言之关西机场以一体化的实物存在展现在人们面前。脱离人体尺度的巨大建筑展现在眼前，让不可视的现代机场的功能，通过重温飞向太空的梦想而得以实现。

现代主义建筑之所以被批判为冷漠、缺乏人性，是由于建筑形式陷入了均一单元的无限重复。在无限重复中既不见山川也不见峡谷，只是如同无波澜流淌的液体般令人厌倦。现代社会的各种新功能层出不穷，在推行过程中毫不停顿地加诸于个人，扑面而来的各种新功能往往令人感到压抑。

*［注11］梅尼尔收藏博物馆（1981-1986年），位于美国德克萨斯州休斯敦。是收藏展示现代美术收藏家德梅尼尔夫妇的数量庞大的收藏品的博物馆。被称作「leaf」的白色翼状部件能够在馆内引入并反射自然光。

伦佐·皮亚诺的设计中包含了与以往不同的理念，在实践和推行功能的建筑中，加入了优美的形态，令人感到焕然一新。即带有暴露功能的高技派倾向，又把功能包裹其中，提示着那些不可视的机能。

他在美国设计的梅尼尔收藏博物馆［注11］，具备了将自然光导入小型博物馆的"功能"，这种"功能"顺畅地包裹着整座建筑，使建筑物明快优雅。他在巴黎设计的贝尔西购物中心［注12］的巨大屋顶覆盖了整座建筑，在遮盖所有功能的同时，这种形态整体又让人体会到现代社会中的商品流通和消费流通。

关西机场令人感觉现代的空中之旅由巨大的系统构成，而我们能够看到的只是其中一部分。这种感受并不会令我们茫然自失，而是让我们为即将要进入这个巨大的体系中而情绪高涨。

与目标明确、充满希望的20世纪初相比，现代建筑与功能表现的关系已经发生了很大的变化。现在谁也不能再直观地

*［注12］贝尔西购物中心（1987年），建在巴黎环状高速路与东向高速路的交叉路口的贝尔西地区。建筑面积10万㎡的巨大的购物中心，以金属板覆盖的形态，似着陆的宇宙飞船。

表现功能，那样的尝试也许会导致可怕的场景，一个既没有开始也没有终结的一成不变的世界。

我们经常说让功能适应人的需要，让建筑适合人的尺度。人体尺度是设计中人性化的基础。然而除此之外，还存在包裹功能的、巨大的、因为合乎人体的韵律而鼓舞人心的设计方法。相对于物质的人性化尺度，这是一种生物节奏的人性化表现。

如果套用沙利文的话，也许可以说是“形式追随感觉（Form ever follows feeling）”，也许这就是现代社会中功能表达的最终目标。

机器

建筑
取代了20世纪初的机器
成为社会结构的模式

“机器”给近代社会带来了巨大的变化，这一点毋庸置疑。

机器有两方面含义：其中之一就是现实的机器的力量，以蒸汽机的发明和应用为动力源，工业革命兴起后，从生产体系到社会、城市结构，18世纪末至19世纪的欧洲发生了巨大的变化。

而这种变化不仅改变了欧洲，也改变了世界。日本迎来了“黑船”，受到这种变革的冲击，走上了从“开国”到"维新"的道路。惊破日本太平梦的“上喜撰号（蒸汽船）”就使用着曾被称作工业革命心脏的蒸汽机。

然而机器不仅仅是发出黑烟与水汽的蒸汽机关，我这样说并不是因为机器概念中还包括纺织机械、光学机械等其他类型，而是因为“机器”概念包含着更深层次的含义。

*［注1］亚历山大·波普Alexander Pope，1688出生在伦敦，商人之子。18世纪英国代表性的古典主义文学家、诗人，擅长讽刺诗。《人论》由四章构成，英雄双韵体，是波普在四十五六岁时发表的。

*［注2］朱利安·奥夫鲁瓦·德·拉美特利Julien Offroy de La Mettrie，1709-1751年，法国医生，唯物论者，在荷兰莱登受到人体机构的机械论及动物机器说的影响，主张所有精神活动本质上都依存于身体组织。

“机器”概念的产生

工业革命使人们认识到机器的力量，开始对“机器”概念产生兴趣。实际上“机器”概念的形成并不是工业革命的成果，它早就存在，可以说是一个先行概念，至少是与工业革命同时形成发展的。

例如，1733—1734年出版的英国诗人亚历山大·波普［注1］的《人论》中有如下论述：“有关人的学问，与其他学问同样，可以归结为几个关键点。这个世界并没有很多确切的真理，所以精神分析与肉体分析相同；与其关注纤细的神经构造或神经管等，不如关注整体的、开放角度的、可感知的部分，对于研究更为有益。因为神经、神经管等的构造和用途，在观察中更易被忽视或误判。”

比《人论》稍迟些，1747年法国人朱利安·奥夫鲁瓦·德·拉美特利［注2］在波普的研究基础上，写有《人是机器》，其中他将人作为一个系统加以说明，“灵魂的所

*［注3］雷蒙德·威廉姆斯Raymondo Williams，1921年生于威尔士的批评家。剑桥大学英语文学系毕业，不仅进行文学研究，还出版了《都市与田舍》、《所谓文化》、《关键词辞典》等著作研究社会问题，是现代英国具有代表性的评论家。

有能力，依存于身体组织，而这个组织可以说是一个积累了经验的机器！因为只有人类才会施与人道，所以不能称其为机器。”

上述两种观点的差别，在于是否引入机器概念。一般认为机器是“具有关联性、连动性的各部分组成的复杂装置。”而17世纪时却不同，雷蒙德·威廉姆斯［注3］曾说机器“广义上，是在下等物体中引发连动，运用纯数学控制这种运动的学问。”

支配20世纪初社会的“机器”梦想

工业革命进程中，机器的形象进一步加强了我们所持有的古典机器概念，即“具有关联性、连动性的各部分组成的复杂装置。”另一方面，也许是因为现实的机器产生的美感带来了感性的认识，从而发展到概念的表里如一，将机器作为原理来理解的思考模式逐渐形成。

1934年飞利浦·约翰逊在纽约近代美术馆举办“机器美术展”，会场展示了402件展品，船的螺旋桨、飞机的推进器、滚珠轴承等，如同一件件艺术品般陈列在会场上。

20世纪初的艺术观（建筑是其中重要的一支）被普遍称作机器美学，它并不是单纯对机器作为美的存在形式产生热情，而是对机器的概念模式抱有憧憬，这种机器的概念模式，是具有三个特征的体系：

一、有目的（功能）

二、符合目的的部件组合而成（构造）

三、普遍运动（普遍性）

机器概念，具有履行功能所必须的完整构造，而且是能够运行的完整体系，它超越了现实中对机器的理解，更像是一种时代精神的代表。

机器概念指的是整体的生产体系，军队的军事组织概念被称为战争机器，现代主义者倾向于从机器概念中寻找社会组织的理念。标榜机器美学的现代主义艺术反映了20世纪初的

*［注4］安东尼奥·圣伊里亚Antonio Sant' Elia，1888–1916年，是20世纪初因诗人马里内蒂的宣言而发起意大利先锋艺术运动中的「未来派」的代表建筑师。1914年发表论文《未来主义建筑》，但未进行建筑设计实践就战死了。

时代精神。

初期现代主义建筑追求功能至上，勒·柯布西耶提出“住宅是居住的机器”，鲜明地反映了以探寻未来世界为目标的、机器建筑的理想。

针对城市人们也以机器概念对应，意大利未来派建筑家安东尼奥·圣伊里亚［注4］描绘的未来城市、俄国先锋派的切尔尼科夫［注5］为列宁格勒设计的工厂方案等，不仅是实用主义的机器的城市景象，也是将土地作为城市基盘的思考方式，这一点具有重要意义。

这种意义在《雅典宪章》中表现的最为典型。1928—1956年CIAM（近代建筑国际会议）召开了10次会议，会议不仅促成了现代主义建筑理论的形成，同时也为世界各国建筑师交流提供了场所。第四次会议缔结了城市宪章《雅典宪章》。

《雅典宪章》从居住、休憩、工作、交通四个要素考察城市，将四要素重新组合，形成了各要素相互作用的分区方式（规定不同区域的用途）。

*［注5］俄国先锋派，受到意大利未来派影响，在苏联革命前后展开了前卫艺术运动。积极参与者有诗人马雅可夫斯基、作家帕斯捷尔纳克、建筑师切尔尼科夫，左图为切尔尼科夫设计的列宁格勒的工厂方案。

分区的思想，是将城市分解为不同功能的空间要素。

分区思想将“城市功能”这个很难作为实体把握的对象功能，变换为以功能主导的结构体。划分空间秩序的分区理论本身所包含的意义我们将在后续讨论。

现实超越了“机器”概念的范畴

与其他很多知识领域不同，20世纪初的建筑领域以机器为模式，描绘着未来的蓝图。然而在二次世界大战后的60年代，现代主义遍布全世界的时候，“机器”概念也在发生着变化。

变化表现在两方面：其一是数字化机器的普遍化；其二是智能化机器的出现。而变化又不可避免地对建筑领域产生了影响。

数字化的机器已不再具有传统意义的机器特征，其构造趋于不可视。蒸汽火车之所以至今仍拥有众多的追捧者，不仅是因为它的怀旧气氛，也是因为它通过构造的视觉化，明快地表现了功能。

烟囱升腾起的浓烟令人联想到锅炉里燃烧的煤炭，活塞的运动让人体会到齿轮转动产生的动力。所有部件紧密构成了整体构造，这个构造体推动列车向前行进。

同时它激发着人的情感，小说家横光利一曾写到“快车漠视沿途的小站，就好像它们只是一些不起眼的石子。”

然而数字化的机器全然不同，数字化机器的大部分可动部件是不可视的，即使可动部分有些是可见的，驱动它的动力也被包裹在电线中，还有很多生产信息资源的机器完全没有明显可动的部分。

我们的周围，现在随处可见的是无法通过视觉理解其构造的机器，友善的机器在我们眼前隐藏了它们的结构，顺畅地履行着它们的功能。路易·沙里文提出的“形式追随功能”的传统造型理论不再通用。

过去人们发明了安装小型计算器的手表，用铅笔点触才能使用；但现在，机器的驱动部分与操作部分分别依照不同的原理设计，机器才能运转。形式不再追随功能，而追随着操作性。

伴随着历史联想的后现代主义

一般的工业机器人，被固定在车间中，对生产线上的产品重复实施着相同的操作。但实际上工业机器人与以往的自动机器是不同的，它们由程序控制动作内容，本质特征是变动程序可以进行不同的工作。

沿着生产线布置的机器人、移动型机器人、生产线外机器人等，这些机器的特性今后无疑还将扩展。

因为可变程序的运用，机器由单一功能转变为多功能，也可以说机器人就是可变程序的机械系统。从这一点来看，功能与构造的单一对应关系已经瓦解，多能型机械、可变程序的机器脱离了功能的束缚，转向了多功能或者说自由功能的

*［注6］理查德·罗杰斯Richard Rogers，1933年生于意大利佛罗伦萨。四岁时移居英国，耶鲁大学毕业。1985年获RIBA（英国皇家建筑师协会）金奖，1986年获法国国家骑士勋章。

*［注7］1971年，理查德·罗杰斯与意大利建筑师伦佐·皮亚诺组成的设计组在「蓬皮杜中心设计竞赛」中胜出。蓬皮杜中心1977年竣工，6层建筑，长166米，宽60米的巨大的建筑物，运用了大规模的钢架支撑的悬挂结构。（右图）

体系。

数字化、构造隐形化、智能化、自由功能化的机器，完全脱离了传统机器的概念。

原本作为概念模式的机器已经失去了存在的本质特征。传统概念认为机器具有“符合目的的构造”、“普遍执行的功能”等特征，当今现实中的机器已超越了这些，机器作为概念模式的魅力衰减。社会及组织希望获得更具有弹性的、多样化的、适应现代社会的模式。

那么，在机器模式失去实效的时代，标榜机器美学的现代主义建筑何去何从？

70年代的后现代主义思潮是一种回答，建筑观从以机器为模式，转向借助历史联想的造型手法，建筑设计是最先表现这种转变的领域。

出现在建筑界的后现代主义思潮及这个用语，迅速地传播到时尚、思想、社会各领域。后现代主义的时代诞生于20世纪末，是机器时代之后的转换期。

*［注8］建造在伦敦市中心的劳埃德保险公司本部。与杨约翰、马克·修米特、迈克尔·戴维斯等人一起设计的「理查德·罗杰斯伙伴事务所」在国际设计邀请赛上中标，1986年竣工。（下页图）

后文我们将再次讨论机器崇拜消失后的时代发展方向。现在我们来看后现代主义时期的高技派。高技派没有利用历史风格的元素作为设计主题，而是有意识地持续追求着机器的形式。

理查德·罗杰斯的"Lloyd伦敦办公楼"

理查德·罗杰斯［注6］是最著名的高技派建筑师。1971年他和伦佐·皮亚诺一起设计了巴黎的蓬皮杜中心［注7］，由此一举成名，1977年开设了事务所。

他的代表作是1978—1986年完成的"劳埃德保险公司办公楼"［注8］。这座建筑物，以强硬的姿态矗立在伦敦金融中心弯曲的街道上，不锈钢、混凝土和玻璃组成的无色彩的外观，像是放置在伦敦街道上的巨大工厂设备。

事实上，这座建筑物的设计者将巨大的精力和热情倾注在如何在外部暴露构成要素的问题上。裸露出来的玻璃升降梯

暴露在建筑外侧，空调管道暴露在外壁上，建筑物上部保留了几部清洗玻璃和检修用的起重机。

在伦敦弯曲的街道中行走，也许我们希望捕捉到建筑的全貌，进入眼帘的却总是片断和部分。

对比古典的建筑审美，就会发现这座建筑完全背离了传统。而正是这一点表现了现代的、新概念的机器美学。高技派就是在表现这种新建筑美学的手法。

高技派建筑有意识地使建筑片断化，同时暴露内部的结构及组织。虽然是机械的表现手法，但是这种机械式的表现不同于传统机器美学。

将建筑物断续式表达，是因为已经不可能用整体形态来表现现代建筑的功能。虽然也许我们可以借助过去的建筑形式来表现建筑的性质，如保险公司、医院、学校等，但是并不是表现了保险公司、医院、学校等建筑的现实功能，而是通过符号化的表现来体现建筑的性质。

*［注9］诺曼·福斯特 Norman Foster，英国建筑师，1935年生于曼彻斯特。曼彻斯特大学建筑学系城市规划专业毕业后，取得耶鲁大学建筑系硕士学位，设计过香港的「香港上海银行」，东京都文京区「世纪塔」（右侧照片）。

有意识地片断化的现代机器形象

高技派的建筑，并不力求表达整体功能，而是刻意地表现片段的、部分的功能。高技派倾向的建筑师们认为只有这样才能完成对功能的表现。在功能和构造趋向不可视的时代，尝试让其片段或部分可视化。

因此高技派的建筑，并非是奉行普遍功能主义的建筑，而是有意识地运用了手法。有趣的是这些高技派的建筑师大多集中在英国。理查德·罗杰斯生于意大利，在英国长大并成为建筑家。他年轻时的伙伴诺曼·福斯特［注9］，还有迈克尔·霍普金斯［注10］、尼古拉斯·格瑞姆肖［注11］，都是英国的建筑师。

高技派建筑在英国具有优势，或者说英国建筑师更多地偏爱高技派，也许是因为曾爆发产业革命的英国是机器论的故乡。

曾在产业革命后引导世界两个世纪的机器概念，已不再是

*［注10］迈克尔·霍普金斯Michael Hopkins，1935年生于英国，居住在英国的建筑师。伯恩茅斯艺术学校、谢波恩预备学校、伦敦AA（Architectural Association）建筑学院学习。1989年获RIBA（英国皇家建筑家协会）奖。

*［注11］尼古拉斯·格瑞姆肖Nicholas Grimshaw，1965年毕业于伦敦AA（Architectural Association）建筑学院的建筑师。1980年开设事务所，设计了英国「IBM运动中心」、「威达公司工厂」等，也进行历史建筑的改造设计。

引导世界文明进步的普遍真理。英国建筑师们更接近这种文化，并且更易于将其作为自己的文化背景；他们感受到深植在英国文化当中的机器理念，所以希望从中寻找自我认同。

具备功能、构造及普遍性的“机器”模式，由普遍真理转化为一种文化立场。理查德·罗杰斯曾在演讲“建筑——现代的视点”中提到，现代的机器更接近于生物性的事物，他今后的设计将不同于劳埃德保险公司办公楼。

高技派的建筑，不是以机器本身为模本，而是将机器片断化到人可以把握的程度，使其可视化。与其表现看不到的现实的机器，倒不如倾向于表现机器化的机器。这个奇妙的逆转现象孕育了高技派建筑。

“建筑”代替“机器”成为世界的模本

机器和建筑之间，还有一个奇妙的逆转现象：从建筑以机器为模本，转变为机器以建筑为模本。现代的不可视的机器，特别是计算机领域，经常使用“architecture”这个词语，用建筑比拟来把握虚拟的结构体。当然这里所说的与真实的建筑不同，任何模式都具有这种建构的特点。但是却让我们意识到，建筑模式代替20世纪初的机器模式，作为社会组织模本广泛应用的时代已经来临。

在思想体系中，建筑的结构自古以来就是最有魅力的模式。柏拉图、亚里士多德等哲学家就被比作思想的建筑师，因为建筑的结构体是最具有可视性的体系，因此适于表达人的意识生成，是将思想这一不可视的体系可视化。现代机器和技术发展为不可视，建筑也许将代替过去的机器模式成为时代的表率。

机器和建筑，在不同的空间维度内发生着逆转，在概念把握和表现两方面不断变化，两者的关系在两者的持续变动中变化，在可视与不可视之间摇摆变换。

历史

近代以前混杂的结构

近代以后的所有结构

历史主义建筑以揭示这些结构为出发点

*［注1］吉村顺三，1908–1997年，生于东京，毕业于东京美术学校（东京艺术大学前身）建筑系。1931–1941年在安东尼·雷蒙德事务所工作，1962年担任东京艺术大学建筑系教授，1970年任该大学名誉教授。曾获日本建筑学会奖、日本艺术院奖、每日艺术奖等多奖项。

建筑师热爱旅行，带着相机和速写本去往任何地方。因为建筑只存在于特定的环境，如果不亲身经历，就不能感受真实的建筑带来的感官冲击。

有的人四处寻访古今名作，按照教科书指引实地探访。建筑的教科书如果最终不能还原到真实的地理学场景中，也许就不能体味到其精髓。有的建筑师追逐着最新的信息飞往世界各地，因为借助新鲜的刺激最有可能开启通往未来的大门。

巴黎、伦敦、德克萨斯、耶路撒冷，建筑师的地图上没有国境，蔓延扩展。在他们看来，即使在东京漫步，也和纽约、柏林一样，是在走地图上的某个点。

还有些建筑师通过无名的聚落和微末的建筑寻求灵感；还有些建筑师热爱自然的景观和地貌。这些都反映了建筑师们的资质和个性。

*［注2］安东尼·雷蒙德 Antonin Raymond，1888年–1976年。捷克建筑师。在弗兰克·劳埃德·莱特设计日本帝国饭店时任其助手（1916–1920年）。1921年在日本定居，并开设事务所，致力于在设计中融合西洋风格和日本独有风格。

建筑师诠释历史

我曾有机会看到建筑师吉村顺三［注1］年轻时的速写作品。这位因设计皇居新宫殿而闻名的大建筑师，在他年轻时曾与安东尼·雷蒙德［注2］一起工作，并在美国生活，阅历丰富。

他的速写多以纤细的笔触描绘风景，有时会出现灯塔，因为灯塔一般都建在风景优美的地方，所以出现在速写本中并不奇怪。但是那些经常出现的望楼的速写，不能不令人感到惊讶。

当被问及“你也画这些内容吗，你很喜欢这样的风景吗？”

他回答“很时髦，不错吧。”

建筑师的感性展露，建筑师对于自然、街道、建筑物的反应，表现了他的本性，这种反映包含着建筑师对真实展现在眼前的事物的诠释。

*［注3］20世纪初开始出现了否定过去的风格、装饰的建筑观，以「机器」为理想，主张追随功能的建筑造型。法国建筑师勒·柯布西耶是其中的代表人物，提出「住宅是居住的机器」。

建筑师观察建筑、拍摄照片、描绘速写，并不单纯是为了记录对象而进行的工作，在这个工作过程中，他们把对象分离、释义，如何取景、如何描画，包含了建筑师对对象的诠释。

在这里我想说，历史也是一种诠释。

历史是一门学问，必须以客观的事实为实证来予以明辨，不能依赖随意的想象和主观的判断，这是历史与小说的区别。然而历史也是一种诠释过程，或者说诠释本身就是历史。

关注迄今为止未引起重视的史实，将史实所包含的意义转变为人们能够理解的概念，并且揭示出来，就是新历史诞生的过程。历史研究可以说是这个工作过程的重复积累，其中包含了历史学家的历史观，是一种历史诠释的表述。

建筑师研究古典建筑作品，是因为这些历史建筑具有多种解释的可能性。这并不同于历史学的研究，而更像是严密的解释学的工作。

*［注4］后现代主义（Post Modernism），70年代历史主义的造型复兴，代替了功能主义的现代主义建筑。以美国为中心兴起，流行至80年代。

*［注5］伦敦东南部泰晤士河畔的泰晤士河里士满地区，因拥有汉普顿宫殿、皇家植物园等而成为著名郊外住宅区。横跨泰晤士河的里士满大桥横架在西北川上。昆兰·泰利所设计的建筑群就坐落在河的两岸，1987年竣工。（下页图）

这种方法与单纯地模仿古典风格，或是巧妙地盗用历史风格没有明显的界限，模仿与诠释很难区别。

昆兰· 泰利的“里士满河畔建筑群”

60年代，当现代建筑的功能主义表现［注3］走到尽头，以历史元素为主题的后现代主义建筑［注4］开始扩张到全世界。

其中的大部分是模仿古典风格，或是巧妙地引用历史样式。这种引用方法令人感到诙谐，但是这种幽默感只在第一次看到时存在，再次出现时就让人觉得厌倦了。因此后现代主义“运用历史元素”的方法很快就流于陈腐。

同样源于这个契机，还存在不同于古典风格引用的历史诠释方式。英国建筑师昆兰·泰利的手法就是其中一例。

我曾经随日本建筑师寻访世界新建筑的旅游团一起参观过他的代表作——“里士满河畔建筑群”［注5］。

当时大家的反应很有趣，因为道路狭窄，所以我们在较远的地方下车，步行前往。但是我们完全看不出来里士满的河畔建筑开发区的边界在哪里，哪栋建筑是新的。走着走着大家来到了泰晤士河边，脸上的表情都带着对自己此行目的的困惑。

当我说明这里所建的都是昆兰・泰利所设计的现代建筑时，人们惊呆了。

“什么地方是新的？”

“和周围没有区别啊！”

被这样的疑问包围，一瞬间我也失去了自信。

“这是一种诠释历史的现代建筑……建筑师想要传递的理念是，我们本应该居住和拥有的城市，构成这种城市的建筑形象，乍看之下是两百年以前的建筑……”

我的介绍也变得混乱起来，因为我也是第一次亲眼看到这个建筑群，无法理清思路。

意大利归来的古典主义建筑师

昆兰·泰利1937年生于英国，公立学校毕业后进入伦敦AA建筑学院［注6］学习建筑学。1962年进入雷蒙德·艾利斯［注7］事务所工作，这是他日后成为建筑师最关键的一步。

艾利斯是一位古典主义建筑师，因英国首相官邸、唐宁街10号的修复设计而闻名。进入他的事务所让昆兰·泰利从最初开始就对现代主义建筑不是很认同。

在战后现代主义建筑统治世界的时期，当时作为前卫堡垒的伦敦AA建筑学院曾将昆兰·泰利引向其他的领域。进入艾利斯事务所时，他对于古典建筑的知识非常少，因此曾通过研究实物不断地学习细部作法。

1967年机会降临，他得到奖学金，去罗马实测古典建筑；从古代到文艺复兴，再到巴洛克时期的历史建筑。他从10月开始在罗马驻留了4个月［注8］。

*［注6］AA建筑学院由英国建筑协会(Architetual Associtiion)运营，保留了英国最古老的传统。同时又因前卫主义倾向而闻名。

*［注7］雷蒙德·艾利斯 Raymond Erith，1904–1973年。

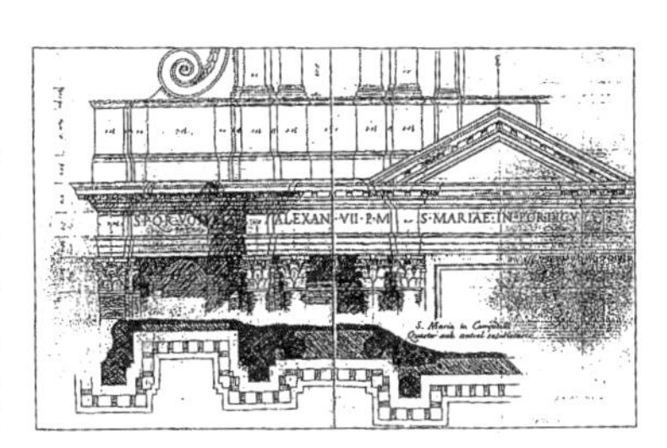

*［注8］昆兰·泰利所绘意大利建筑速写，1967年。

他所绘制的实测图带有明显的文艺复兴时期建筑师手法的痕迹。他如同文艺复兴建筑师学习古代遗迹时一样学习观摩着罗马建筑。意大利归来的20世纪古典主义建筑家就此在英国诞生。1973年导师艾利斯病故后，昆兰·泰利开始了自己的工作。

里士满的河畔开发，是在这个地区建设小规模的办公建筑群。因为预计伦敦市中心开发了大规模的办公建筑后，在里士满等郊外地区有小规模办公建筑的需求。这个开发计划一直不能顺利展开，建筑师和开发商都须更换，因此起用了昆兰·泰利。

他以英国18世纪的建筑为基础，设计了风格不均一的建筑群，建筑群如同在小规模开发中不断积累而成的街区。

这是一个不知名建筑聚集、具有地方性、传统性的保守的街区。也许刚建成时这里还令人耳目一新，现在已经完全呈现着旧日的风景。这么形容这个建筑群也许是最恰当的，难怪日本现代建筑师们感到困惑。

在这里表现的不是修正现代主义建筑的态度，而是更趋向于一种完全无视现代主义建筑的态度，这是怎么形成的呢?

“诠释”而非“虚构”的建筑

建筑中的虚构包含着联想性的因素。

不同于以功能决定建筑形态的现代主义建筑的思维方式，这种思维方式重视如何以建筑传递某种信息，以建筑物整体的造型叙述某种虚构的故事，使看到它、使用它的人产生联想。

60年代现代主义建筑发生变化，出现了后现代主义倾向，这种倾向重视虚构的建筑思维，重视建筑的联想性。

昆兰·泰利的建筑不是这种虚构的建筑，也不是伴随着联想的建筑。他没有将18世纪的建筑作为虚构对象，而是直接表现了18世纪的现实。那么这是不合潮流吗，我想不是。

在里士满的河畔办公建筑群中工作的人，也许会觉得自己处在迪士尼乐园般的环境中。但是里士满的河畔建筑群并非迪士尼乐园，它也不同于日本长崎县的豪斯登堡那样模仿荷兰街市的主题公园。

迪士尼公园和豪斯登堡虽然相互之间在特点、程度上存在差异，但都是虚构的世界，是想象的乌托邦。与之相比较，里士满的河畔建筑群是真实的存在，是在英国营造的英国风景，不是虚构亦不是联想。

在此我想到了J·P·萨特关于想象力的研究，他认为想象力是人最本质的能力，同时“想象力在对象不在时产生”。也就是说，我们在没有桌子的地方才能想象桌子，我们可以想象龙，因为它在这个世界上并不存在，而如果桌子就在眼前就无法产生想象。

类似于人们对龙或彼岸，迪士尼公园和豪斯登堡是想象的产物，里士满的河畔建筑群却是桌子（英国）前的桌子（英国）。驱动一切的是诠释过程而非想象力。

“作为诠释的建筑”这一概念，再次成为关键，建筑由围

*［注9］帕拉迪奥母题，三个开口的拱券结构，中央部分为拱券，比其他两个开口更宽（右侧照片）。意大利文艺复兴的代表性建筑师，佛罗伦萨的安德烈亚·帕拉第奥Andrea Palladio（1508-1580年）经常使用的设计元素。

绕建筑的诠释而生成。

认可现代主义建筑所否定的历史

相对于以功能、用途等建筑以外的元素作为设计源泉的现代主义建筑，古典主义建筑将对建筑的诠释作为设计的源泉。古典主义建筑的传承基于对罗马建筑、希腊建筑、文艺复兴建筑、巴洛克建筑、新古典主义建筑的诠释。是以作品生成作品的无限连锁形式，这就是“历史”。

与此相反，现代建筑否定历史、拒绝历史，现代精神的本质是信仰“真理超越历史”，因此追求表现原理的创作方式。

基于此点，前文说过昆兰·泰利所持的不是修正现代主义建筑的态度，而是完全无视现代主义建筑。基于历史的建筑思维，从未将超越历史的真理作为建筑设计的源泉，而是认可诠释工作对于创造性的作用。

*［注10］伊尼哥·琼斯Inigo Jones，1573–1652年。当时英国代表性的建筑师，帕拉迪奥的崇拜者，将这种风格介绍到英国，使英国文艺复兴迅速成熟，右侧照片为伊尼哥·琼斯设计的圣保罗教堂（1630年）。

在里士满的河畔办公建筑群中我们可以看到很多对于历史的诠释。

在一些由柱和拱券组成的构体中，可以看到被称为帕拉迪奥母题［注9］的造型，这种造型起源于意大利，18世纪在英国流行。其他部分的三角形山花，也是因帕拉迪奥母题而闻名的安德烈亚·帕拉第奥的风格，在英国经常可见，令人联想起伊尼哥·琼斯［注10］设计的教堂。

红砖建筑，令人想到英国最著名的建筑师克里斯托弗·雷恩爵士［注11］的风格；连续的白色拱券部分又勾起对意大利建筑师雅各布·桑索维诺［注12］风格的回忆；如海水侵蚀而成的凹凸不平的圆柱的表面修饰令人想到英国的詹姆士·吉布斯［注13］的作品。

历史建筑的知识越丰富，就能在建筑群中看到越多这种痕迹。

但是里士满河畔建筑群是现代建筑，不需要烧炭的炉子和壁炉，因此不需要屋顶的烟囱，而这些建筑确实没有故意做

*［注11］克里斯托弗·雷恩爵士Sir Christopher Wren，（1632-1723）。伟大的英国建筑师，设计了伦敦的圣保罗大教堂。因其雄伟的古典主义风格穹顶而区别于巴洛克风格。右图为「样式」（1680年）

出烟囱林立的景象。可没有了烟囱，屋顶轮廓线似乎缺乏了变化的元素，设计对此还是做了修饰。

里士满河畔建筑群的设计手法，是通过包含着知识和创意的历史诠释、组合，使其成为自己的设计风格。

建筑世界的多元的价值观

对于昆兰·泰利的手法，有人认为是模仿和应用的守旧派设计。持有这种立场的人多半坚持建筑应不断进步、不断向上的信念。对两百年前的建筑风格的操控，无异于在机动车发达的当今社会又搬出了两百年前的马车。

如果只将建筑作为科学技术的产物，那么确实存在不可逆的、不可回避的建筑发展趋势。

然而建筑的形态与支持它的科学技术并不是一一对应的关系。空调设备、信息处理设备也可以安装在两百年前的建筑里，反之也有可能出现具有两百年前形式的智能化建筑。

*［注12］雅各布·桑索维诺Jacopo Sansovino，1486-1570年。佛罗伦萨出生的威尼斯建筑师。曾担任圣马可大教堂的修缮工作，曾主导威尼斯建筑界直至帕拉迪奥出现。右图为「玛丽娜图书馆」（1537年）

现代主义建筑的信念之一，是认为建筑的形态应该如同技术的产物那样由原理来决定。

虽然有很多建筑形态都是伴随新技术产生的，但建筑形态的形成原因不止于此。同时，虽然存在决定建筑形态的理论，但理论也并不是单一的。

将决定建筑形态的各种思考方式进行比较，在建筑的世界里导入多元化的价值观是当务之急。

很多人都意识到，支撑现代主义建筑的功能主义使众多城市和建筑趋向均一化。现代化进程以单一的价值尺度覆盖全世界，固有的地域文化传统消失，这一现象不仅发生在建筑领域，也发生在其他各个领域。

就诠释古典主义建筑以追寻自我风格的昆兰·泰利来说，与其认为他是通过复兴建筑传统来取代现代主义建筑的普遍原理，不如说他是在努力尝试，代表欧洲世界地域文化的古典主义建筑，是否能够适应现代都市的环境。同时他的尝试并不带有欧洲文化中心论倾向的攻击性，也不同于那些提倡

*［注13］詹姆士·吉布斯James Gibbs，1682–1754年。阿伯丁出生的苏格兰建筑师。是18世纪初最有影响力的伦敦教会建筑师。代表作为伦敦的「圣马丁教会」。

保护重要传统技术的人们所做的以传统工艺建造建筑。

历史建筑造型的再诠释手法，与功能主义的决定论造型理论有着对价值观的不同探寻角度，同时也是再次构成连续的欧洲城市环境文脉的尝试。

对于建筑而言，历史的存在是常态；同时历史、技术、文化等因素，也是建筑的趣味所在。

功能改善后旧的计算机也许就面临自身的终结，但是新的建筑建成却不意味着文艺复兴的建筑面临终结，就如流行小说中写的，但丁和莎士比亚的生命是没有终点的。

现代建筑，不是在单一的轨道上发展，而是在多元化的诠释基础上展开。从这一点来看历史比以往任何时期都更具有现代意义。

日本的建筑师能够再解释历史吗?

最后我们来看历史与非西欧国家建筑的关系。

对于昆兰·泰利而言，古典主义建筑的传统既是自身的地域文化，也是它生长的城市的文脉。但如果将其引入非西欧国家，则成为迪士尼乐园或豪斯登堡般的虚构的建筑群。文化传统、历史是地域和文化圈固有的事物。

那么日本的寝殿造建筑、神社、茶室能够经过诠释成为现代的办公建筑吗?

在现代化的过程中，我们的材料、技术、甚至城市的文脉，被组合成完全不同于固有传统的体系。在这种状况下执着于历史，也只能创造采用传统工艺的“艺术作品”。

日本的现代化，完全改变了此前的文化传统，这本身也是历史的一部分。

在我们的城市中、现代以前的架构与现代以后的架构相互混杂，将其作为整体的重新诠释，对我们而言就是历史主义建筑的起点。从历史的丰富性、复杂性角度来看，这无疑是最有利的选择。

结构

从巨大的结构到轻快的半独立结构
时代精神正在改变
跟随着节奏前进

*［注1］右图为雷纳尔·班哈姆设想的「环境泡」（1965年）。透明圆拱形的装置依靠自带的鼓风装置吹出气体。

建筑与结构密不可分，甚至有言论提出“建筑是抵抗重量而建造的结构体”。

特别是在日本，明治以后新建筑的目标围绕抗震结构、耐火结构等内容，建筑的结构概念更倾向于物理的结构体、结构力学方面。

但是建筑的结构不仅只意味着物理的构造体，也包含着视觉的、空间的结构含义。建筑因为这些结构含义，而成为人类活动的容器。

帕克明斯特·富勒的挑战

按照极端的想法，只要维持适当的温度和湿度，能够调节明暗，能够允许人体活动，能够放置必要的家具，则任何事物都可以是建筑。英国建筑评论家雷纳尔·班哈姆尝试想象了这样的建筑，将其称作“环境泡”［注1］。那是一个巨大的球状膜，如果能够实现则将凌驾于任何现实中

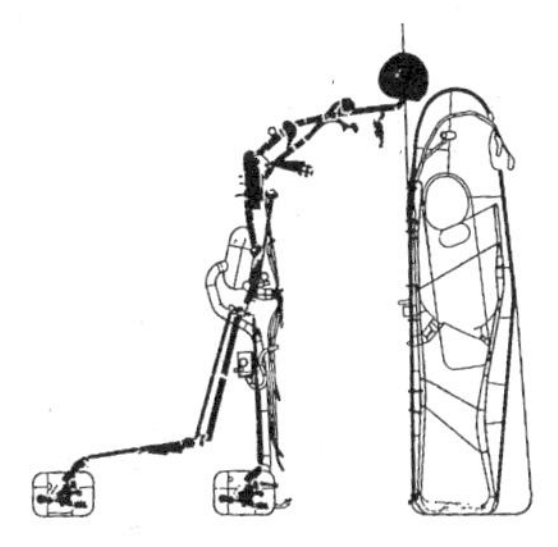

*［注2］前卫建筑师组织建筑电讯派的成员迈克尔·韦伯设想的「cushicle」（1966年），管状车台构成的移动装置，可以作为个人的生活单元（右图）。

的建筑之上。

同时，英国前卫建筑师组织建筑电讯派的成员提出了“cushicle”［注2］的设想。“cushicle”是cushion和vehicle的合成词，可以像衣服一样穿着的建筑。无疑，这个设想不能立即实现，对于是否应该付诸实践也有待商榷，这种建筑更像是让人在地球上穿着宇航服。

建筑的设想，一方面扩大到包容整个地球的“环境泡”，另一方面有缩小到宇航服大小。普通的建筑结构在两个极端都消失了。

然而我们并不清楚，这两种极端的建筑设想，是建筑的极限，还是已经超越建筑范畴的概念。只有一点可以明确，这些设想不是现实的依靠结构体支撑的建筑，从这个意义上说，它们是非现实的存在。

美国建筑家帕克明斯特·富勒［注3］将这种非现实的设想与现实构造结合起来，开创性地完成令人震撼的挑战。他的构想涉及很多方面，繁杂交汇，其中最有名的是圆顶建筑结

*［注3］帕克明斯特·富勒（Richard Buckminster Fuller）1895–1983年，出生于马萨诸塞州弥尔顿。因其机械住宅论「Dymaxion」［以最小限获得最大限，dynamic「动力」和max（最大）及tension（高效）的合成词］而闻名世界。

构，也称作富勒圆顶结构。最小的部件和最小的表面积覆盖了最大化的容积，形成球形的圆顶。按照富勒的构想，富勒圆顶结构可以将整个地球包裹在内。

如果你想观看富勒的构想实践，可以去加拿大的蒙特利尔。1967年在那里举办了世界博览会，那次博览会与1970年在大阪举办的博览会可以说是19世纪以来世界博览会的巅峰。

蒙特利尔博览会的美国馆［注4］是一座球形的类似于富勒圆顶的建筑。现在去参观，会发现过去的世界博览会会场被作为公园使用，整体显得很荒凉，如同置身远离街市的荒川畔。在这片寂寞的土地上，美国馆的废墟蓦然耸立，富勒圆顶的钢架如同一个球形的仙人掌，或者说铁管制成的肥皂泡，伫立在护栏环绕之中。正是这种废弃的姿态，令帕克明斯特·富勒的结构支撑建筑的设想，显露了它的本质。

帕克明斯特·富勒赋予了许多年轻建筑师勇气和灵感，他的建筑设想包含着通往宇宙的憧憬，不是单纯的技术至

*［注4］蒙特利尔博览会的美国馆（1967年），以三角形桁架为基本单位建成的球体，获得巨大空间的构造体的代表作。

上主义。

“你知道自己建筑的重量吗”

有一个英国的建筑系学生像许多年轻建筑师一样，从帕克明斯特·富勒那里获得了巨大的灵感，他就是诺曼·福斯特。1971年福斯特经过合作伙伴詹姆士·米勒的介绍见到了富勒。

对于热衷于高技派建筑的诺曼·福斯特而言，富勒圆顶以最少的材料覆盖最大容积的结构原理符合他的设想。因为福斯特认为，在现实的建筑中，当结构体的覆盖容积达到最大时，材料的强度和形态能够达到最大限度的平衡。

福斯特向富勒介绍了他当时最得意的作品，依普斯威奇的威利斯·费伯和杜马斯公司，以及诺威奇的塞恩斯伯里视觉艺术中心［注5］，这两个建筑不仅是福斯特的代表作，也是英国现代建筑的代表。特别是依普斯威奇的威利斯·费伯和

*［注5］塞恩斯伯里视觉艺术中心Sainsbury Center for Visual Arts，1978年，与周围的自然景观形成强烈的对比，轻质框架覆盖的无柱的巨大展示空间，精致的细部给人留下深刻的印象。

杜马斯公司，虽是1975年竣工的，但已经被指定为英国的文物建筑（相当于日本的国家级文物），在日本，昭和以后建造的建筑物只有一栋被指定为国家级文物。

富勒围着建筑兴致勃勃地观看着，当他走到塞恩斯伯里视觉艺术中心前时，问了福斯特那个著名的问题：

“你知道自己设计的建筑的重量吗？”

福斯特的回答令富勒满意，因为相对于飞机库般巨大的建筑容积，这座建筑的重量所占的比例，就如同播音747机身与喷气机的比例。

这是解决重量问题最有效的结构体，没有不必要的部分，确保了充足的空间，并且拥有自律的结构体系，从这几点看，这是一个“最有效的结构”。这既不是经济问题，也不是力学问题，也许是一个美学的问题。

*［注6］香港上海银行Kong Shanghai Banking Corporation（1986年），矗立在面向维多利亚港的港岛中心区。竣工时吸引了来自世界各地的参观者。

赏心悦目的动态结构

从这个意义上而言，诺曼·福斯特孜孜以求的高技派建筑，获得了高效率和自律性，且具有普适性。然而它们又与密斯·凡·德罗所追求的“通用空间”不同，它们所具有的自律性和普适性并不能无限扩张，而是作为独立的建筑物存在。

诺曼·福斯特的建筑，可以解释为以结构介入了空间的设计。相比较而言，密斯的“通用空间”的构成要素是均匀分布的柱网，匀质明快的顶棚，平滑的地面，这些要素无限重复扩张形成空间。这种理想空间的目标是墙壁、地面、屋顶等要素以无色透明、似有似无的状态存在。而诺曼·福斯特的建筑，力求支撑空间的结构自身成为赏心悦目的动态存在。

他是因在香港建的“香港上海银行总行”［注6］闻名世界。那里充分表现了他上述的建筑观。

*［注7］斯坦斯特德机场 Third London Airport Stansted（1987年）。由四根柱子组合成树状的结构，成群支撑着连续的平缓的屋顶。（右图）

福斯特设计的巨大钢架支撑的高层银行建筑，并不像一般的钢结构建筑那样以钢架均匀地支撑建筑物的每一层，而是由上部悬吊的结构来负荷多个楼层，建筑物内部设有巨大的吹拔空间，并且使用玻璃将阳光引入其中。

构成建筑物的巨大机械组织，是一个自我完善的自律体系，而不是可以均质地无限制扩展的空间。

“斯坦斯特德机场”和“关西国际机场”

福斯特的建筑观在斯坦斯特德机场［注7］的设计中表现的最为充分。斯坦斯特德机场是继希思罗国际机场、盖特威克机场之后伦敦的第三座国际机场，担负着90年代航空战略的重任。福斯特在机场的设计中使用了充满韵律的结构。

如果将其与伦佐・皮亚诺的关西国际机场进行比较，就能够清晰地看到福斯特建筑设计的特征。伦佐・皮亚诺与诺曼・福斯特有着奇妙的联系，年轻时的福斯特曾经与留学时

的同学理查德·罗杰斯一起开设事务所，那是他作为建筑师的开端。其后理查德·罗杰斯与福斯特分开，又与伦佐·皮亚诺一起参加了巴黎的蓬皮杜中心设计竞赛并夺魁。所以以罗杰斯为媒介福斯特与皮亚诺有些关联。

这两个人对于关西国际机场和斯坦斯特德机场的建筑设计思想，呈现了完全相反的理念。简单地说，关西国际机场的设计是将建筑作为功能的容器，使其有机结合形成整体。而斯坦斯特德机场的设计则是先具备结构体的形式，再在其中巧妙地安排各种功能。

斯坦斯特德机场的特征是每四根柱子组合起来的结构体，其上如同伸开的手似的构件，斜向展开支撑着屋顶，这个体系组合而成候机楼建筑。它是一座自成体系、有自身规律的结构体组成的建筑，其中包容着功能，而非包裹功能的形态造就建筑。

皮亚诺设计的机场与福斯特设计的机场，在这个意义上是相对的。更进一步说，它们体现了现代建筑的两种立场。

在结构的自律性中寻找现代的意义

诺曼·福斯特在斯坦斯特德机场设计中所展现的建筑观，我想可以命名为自律结构的建筑。这里存在的结构既不是空间组合形成的，也不是功能组合形成的，它是一种更加实用主义的建筑结构体。

这个结构不仅是应功能需求产生，更是自成体系的独立存在。如果极端些说，这个结构体具有独立性，也可用于其他功能的建筑物。斯坦斯特德机场的建筑体系，虽然设计目标是候机厅，但是这个结构体也可以用于蔬菜市场、图书馆大型阅览室。这就是“结构具有其自身独立的存在感”。

结构体自成体系不受建筑功能的制约，即是实用性的建筑结构体，也具备形式的美感。

如果说将那种表现功能，追求有机的、整体性的建筑比作叙事音乐，那么斯坦斯特德机场类型的建筑就是绝对形式的音乐。

建筑作为结合功能要求的订制产品，如果结构具有自律性，而且不被功能束缚，就会表现出一种轻快的奇妙的魅力。

这种轻快感，与着重表现建筑存在感的观点相反，充满追求形式美而非内容的热情，这大概也是现代人追求轻快感的原因之一。

例如，有一段时间中学生们认为一些言语很潇洒，“布団が吹っ飛んだ（futon ga futonda吹飞被子）”，“アルミ缶の上に蜜柑（arumikan no ue ni mikan易拉罐上的橘子）”，“鳥肉はとりにくい（toriniku wa torinikui拿不到的鸡肉）”，“加藤さんか、父さん（katousan，tousan加藤先生，父亲）”［译者注：按日语读音，前后词汇部分读音重复出现，产生读音的韵律］。这些语句在读音的跳跃中寻求快乐，而不是以字面意思理解，如果按照字面含义解释，往往令人感到轻佻。

事物的存在不是唯一解，而是具有两重甚至三重的含义；

内容与形式的关系也不是一一对应的关系，内容与形式是各自具有自律性的存在。在两者之间寻求差异与错位是比解释事物更具有难度的工作。

在迄今为止的现代建筑历史中，建筑的结构大多是为追随功能、支撑功能而存在。换言之，由于支撑功能的需要甚至以抗震性耐火性来决定建筑设计。这种对结构体的定义，使诠释的可能性变得狭窄。

结构自律性产生的根源不是对结构体目的及内容的考虑，而是对视觉冲击和感官效应的追求。与表达意义和内容的表现主义的构思方式相对，是一种概念替换、翻唱、或者说有意识地误读。因此，这种无视结构的态度，往往令人误解为一种虚无主义姿态。

然而实际上，这种概念有可能形成一种微妙的相对自由的概念，介于普遍意义的通用空间概念和对应功能的空间概念之间。这种对中间带的探求，正是当代建筑设计表现出的普遍状况。

英国高技派的经验主义精神

诺曼·福斯特的结构设计，因其美观的造型，而突出了具有自律性的结构的存在感。斯坦斯特德机场的结构体，通过对特异造型的推敲，使单纯的结构成为设计师建筑观的载体。

福斯特的作品，多多少少都有结构的表现存在，其中令人印象最深刻的是“雷诺汽车公司产品配送中心”（英国，威尔特郡郡斯文登）。

涂成柠檬黄的支撑体，如帆船船桅一样有韵律地排列。我们可以说这种支撑体是符合力学原理的形状，但实际这种“极端洗练”的支撑体设计，完全表露了其实用主义的态度。通过超越现实的、经济合理性的建筑结构设计，福斯特表述了自己对于建筑的理解。

英国有许多高技派的建筑师，和福斯特持有相似的建筑观。高技派的建筑令人联想到追求技术至上、非人性的建筑形象，然而英国的高技派实际上是建立在过度普遍化和个别功能化之间的，经验主义是其理念的支柱。

高技派的建筑结构，以目所能及的结构体表现为核心，重视能够满足视觉效果要求的体系，因而带有19世纪建筑的特性。

19世纪，对大型设施的需求出现在各个行业，以相同结构体有韵律地排列而成的建筑物在英国诞生。在这一点上高技派所推崇的将结构体视觉化的观念，与19世纪的建筑产生关联。而我认为高技派的建筑结构与绕口令“アルミ缶の上に蜜柑”异曲同工，也是基于这个原因。

结构体组合的意趣

对于建筑而言，结构通常被认为应是坚固厚重、构成建筑基础的要素。这种考虑方式是以现实中的结构安全性和经济合理性为中心产生的。另一方面还存在一种思维方式，他们在结构体中蕴含建筑表现，诺曼·福斯特就是这种建筑的代表。福斯特说自己的爱好是驾驶飞机，他在建筑设计中表现出的对轻快感的追求，对固定形式束缚的排斥，恰和他的爱好不谋而合。

从巨大结构向轻快的、半独立的结构转换的过程，也是时代精神转变的过程。斯坦斯特德机场的结构所表现出的气氛，给人们带来了轻快地、有节奏地行进的感觉。关注结构体的建筑师，不再依存于不可视的数字化体系，他们执着于使构成建筑的结构体更加明快，重视真实的感受。无论使用了多么先进技术的结构，只有结构与建筑的表现联系起来，才能获得感性的、人性化的设计和创意。

很遗憾日本建筑师的构思中很少出现这样明快轻盈的结构。

明治以后，日本建筑在结构上注重抗震耐火等现实问题，1923年的关东大地震是这种倾向产生的决定性因素。有时不仅将抗震耐火作为结构的必要条件，甚至将其作为充分条件，这种带有谬误的思考方式延续至今。然而建筑作为容纳人类活动的容器，形成这个容器的构造体，必然应该表现某种思想。

如果将其比作文章，则不仅应该存在追求明快的词义清晰的文章，也应该存在如绕口令“アルミ缶の上に蜜柑”那样追求词句韵律感的文章。结构本就蕴含着组合构成的乐趣，能够从内容物的外侧表达意趣。

建筑师

建筑师成为思想家
成为知识的解释者
则建筑的表现开始向图式化的方向发展

建筑师的工作是个什么样的存在，虽然我了解却很难描述出来。

建筑师是从事建筑设计的人，被称作设计师、设计者，这是概念上的建筑师。我想讨论的不是实务意义上的建筑师定义，或者制度意义上的建筑师特点，而是设计行为实施时，建筑师脑海中究竟如何思考。

据说建筑师在进行设计的过程中，每天要决定两百甚至三百件的事情。因为要从一无所有的状态建起一座建筑物，不得不说这种状况理所当然。而且，决定一件事后，就有其他关联的事项需要确定，如果在某个阶段发生了变更，则会影响到意想不到的地方。

例如，设计住宅时，改变屋顶的作法，则必须改变屋架的作法，也许接着会影响柱子的尺寸、排列方式。有的房间贴壁纸，有的房间喷漆，那么这些作法体现了什么样的差别，贴面砖时用什么图案等等，不停地有细节需要考虑。

*［注1］吉田五十八，1894–1974，东京日本桥出生，东京美术学校（东京艺术大学前身）毕业。以日本传统建筑式样「数寄屋」为基础，将其掺入近代化的元素，探求和实践「新兴数寄屋」。代表作有「杵屋六左卫门邸」、「大阪皇家旅馆」、「吉田茂邸」「歌舞伎座」。

建筑师的个性体现他的世界观

吉田五十八［注1］是著名的和风住宅设计师，他在设计住宅布局时，也同时考虑如何使屋顶获得更美观的形式。因此建筑师在考虑问题时，是几方面同时进行的。旁人往往无法听懂他们思考的脉络，建筑师所说的话、写的字句经常让人费解。然而建筑师所考虑的不止是实务的、技术方面的问题，从宏观的角度而言他们思考的是世界观的问题，是诸如怎样表达建筑物性格，是否具有象征性等问题。因此建筑师们所说的话会越来越难以理解。

然而对于建筑师而言，最愉悦的事就是思考这些抽象问题的时候。实际上即使用相同的材料，相同的作法，建筑物也会表达出建筑师不同的世界观。

在现代主义初期，建筑的决定要素由功能分析和外部条件而来，虽然带有必然性，但是建筑物仍然表现出建筑师们鲜明的个性；另外近代以前建筑的作法由历史风格来统一并且通行，但是仍然存在不同建筑师的不同表达。其根源是建筑师的爱好差异，世界观的差异。

建筑师是一种参与的存在

建筑师的职业之所以被认为是一种创造性的存在，是因为他们通过建筑表达了自己的世界观。即使是纯粹的技术推敲和判断，也是建立在世界观前提下的价值判断和探究。其结果就是产生了迄今为止不存在的建筑，扩展了建筑的疆域。

所谓创造性的建筑师就是常常不满足于现有的建筑，给自己设定难题的建筑师。

我曾看过一部伦纳德·伯恩斯坦制作的节目，节目中讨论指挥是一种什么样的存在。他谈到在指挥管弦乐队演奏时，如果在中途停下，乐队仍然会继续演奏。他认为这才是指挥者的存在，也就是说管弦乐队演奏时可以没有指挥，而指挥者的介入，是将自己的世界观加入其中加以表现。

这一点与建筑师的存在非常类似。如果只是盖一座房子，并不需要建筑师，只要有工匠和现场监理就足以完成建造。建筑师是一种介入式的存在。

在没有建筑师存在也能完成的建造流程中，建筑师介入建筑设计到竣工的整个过程，将自己的判断引入。

建筑师的加入并不是为了对建筑的建设过程造成不好的影响，而是为了能够得到更好的结果；或者说并不是强加自己的判断，而是建议、提示或是引导建筑过程。这就是介入。通过这种介入，建筑开始成为具有某种目的的特别的存在。

建筑师通过处理功能问题和确立技术方针使建造活动开启，这个层面的问题决定后，即使建筑师不再参与，建造工作也能够继续下去。建筑师在这些基本的部位加入了基于自己观念的判断，这些意愿一直影响到建筑的细部，这就是建筑师作为参与者、介入者的存在方式。

同时，这样的存在方式往往造就特异的、与众不同的建筑师。不同于工匠，建筑师所带有的艺术家倾向，往往会造就

*［注2］罗伯特・文丘里Robert・Venturi，1964年与约翰・劳什共同设立「文丘里与劳什」事务所，1969年丹尼斯・布朗加入。照片右为他设计的「费城公会大楼」（1961年），右为“普林斯顿大学”。

奇思异想和怀揣梦想的奇人。

这样说不是没有根据的，在我们生活的城市里时常见到奇异的建筑，如果把建造完全委托建筑师，人们也会普遍担忧不受约束的建筑出现。

“建筑的多样性和对立性”的出现

那么建筑师到底怎么定义？现代意义的建筑师是怎么样的？

无关褒贬，思考这个问题时我会不由自主地想到美国建筑师罗伯特・文丘里［注2］。他1925年生于美国费城，就读于普林斯顿大学建筑系，在那里他接受了古典主义学院派—布杂体系的建筑教育。

布杂，按字面意思是法语的“美术”，指法国美术学院的教育体系。19世纪以后美国的建筑教育，以留学法国美术学院的建筑师们带回来的严格的古典主义建筑教育为基础。

*［注3］瓦尔特·格罗皮乌斯（Walter Gropius）1883–1969年。德国建筑师，生于柏林。1919年就任魏玛「包豪斯学校」校长，建立了20世纪建筑、设计、造型教育的新坐标。1937年亡命美国，逝于波士顿。

美国建筑教育的变化始于德国建筑师们。瓦尔特·格罗皮乌斯［注3］、密斯·凡·德·罗等包豪斯教授亡命美国开始执教，格罗皮乌斯1937年开始在哈佛大学任教，密斯在第二年来到芝加哥的阿芒技术学院（现在的伊利诺伊理工学院）。

第一次世界大战中现代建筑的思想家们就已经开始在美国出现，文丘里在20年代就读的普林斯顿大学，是当时布杂体系教育的最后堡垒。

50年代，走出校门的文丘里先后在艾罗·沙里宁、路易斯·康［注4］的事务所工作，很受这些建筑师影响。1954–1956年在罗马美国学院的留学也令其获益匪浅，他因此有机会深入了解了现代以前的欧洲建筑。这些经历和影响在他1966年的著述《建筑的矛盾性与复杂性》［注5］中显现出来。

建筑史学家文森特·斯库利［注6］在序言中称赞这本书是继勒·柯布西耶的《走向新建筑》之后，建筑师所写的最重要的著作。对于建筑史学家斯库利而言，美国建筑师的建筑思想能够影响全世界可能是他最大的愿望。

*［注4］路易斯·康，Louis Isadore Kahn，1901-1974年，生于爱沙尼亚，1905年移居美国。毕业于宾夕法尼亚大学建筑系，以后任该校教授。持有独特的设计理念，他的建筑表现被认为超越了美国式的现实主义。

*［注5］

从建筑决定论的思维模式中获得解放

文丘里在《建筑的矛盾性与复杂性》这部著作中，针对以功能分析决定建筑形态（至少是起到决定性作用）的现代主义的单一化方式，提出复杂性（Complexity）和矛盾性（Contradiction）概念，指出现实的建筑应该具有更为复杂的存在方式。为了揭示这种建筑的存在方式，他喜欢用“复杂形式基础上的整体”来表述。

暂且不论这本书是否真称得上是斯库利所言的那种名著，但它确实揭示了与现代主义思维截然不同的领域。

第一，他把建筑从决定论的思维方式中解放出来。

此前的现代主义建筑师们，或多或少都是从功能或社会需求及经济条件的分析出发，按建筑形成的必然性来决定建筑形态。虽然建筑师对建筑规定条件的认识各有不同，但是这种决定论的思考方式是大多数现代主义建筑师遵循的信条。对此，文丘里认为建筑的形态有其自身的伦理，绝不是应社

*[注6] 文森特·斯库利 Vincent Scully Jr. 美国著名的建筑史学家，评论家。1920年生于纽黑文，毕业于耶鲁大学。任耶鲁大学美术史学科教授。他所著的《弗兰克·劳埃德·莱特的遗产》，《美国住宅论》，《现代建筑》曾译成日文出版。

*[注7] 莱昂·巴蒂斯塔·阿尔伯蒂（1404–1472）著《建筑论》；塞巴斯蒂安·塞里欧（1475–1554年）著《建筑书》；安德烈亚·帕拉迪奥（1508–1580）著《建筑四书》；贾科莫·巴罗兹·达·维尼奥拉（1507–1573年）著《建筑五大柱式的规则》。

会需求决定的存在。

第二，文丘里对于建筑的思考走出现代主义的范畴，扩展到历史文脉，甚至扩展到通俗建筑。

此前的现代主义建筑，在现状分析的基础上以必然性决定建筑形态，并且禁锢在建筑所诞生的时代中完成自我整合和肯定。而文丘里在时间范畴和社会范畴进行了扩展。

作为思想家的建筑师

文丘里的成就，就是为那些虽然在设计现代主义建筑，但是总感觉存在不足的建筑师们揭示了新的世界。他是一个思想家，通过论著《建筑的复杂性与矛盾性》将自己的建筑观传播于世。

建筑师在设计工作中发现自己的天职，它的价值通过建筑师设计的建筑物体现并接受评价，这种定义是正确的。同时，有些建筑师留有著述，阿尔伯蒂、塞里欧、帕拉迪奥、

*［注8］奥古斯都·威尔比·诺斯摩尔·普金Augustus Welby Northmore Pugin，1812-1852年。让他一举成名的著作是《对比（contrasts）》（1836年），书中他将所处时代的建筑的恶俗化倾向，与过去的天主教建筑鲜明的信仰相比较，表达了对传统宗教建筑的怀念。

维尼奥拉［注7］通过所著的建筑论而持续影响着后人。相比较在一定的场所建造的一栋建筑而言，不断再版的著作所产生的影响和持续的力量更为显著。

然而近代以前，建筑师所著的建筑论往往带有技术方法论的色彩，也就是以理想建筑蓝图和设计要点为主。

最初突破技术书特征的是英国19世纪建筑师A·W·N·普金［注8］所著的《对比》。这本书将中世纪与19世纪对比，书名由此而来；但是“对比”的对象不仅是建筑也扩展到社会整体。

将建筑作为社会的产物，从伦理的角度评价其价值，可以说普金以此为自己的切入点。现实中他是一位天才的绘图家，拥有丰富的专业知识。这部著作使他成为一位兼顾思想家和理论家的建筑师。

自普金而下，建筑师的理论家特征越来越鲜明，现代建筑就是由这些理论家开创、定位的建筑。

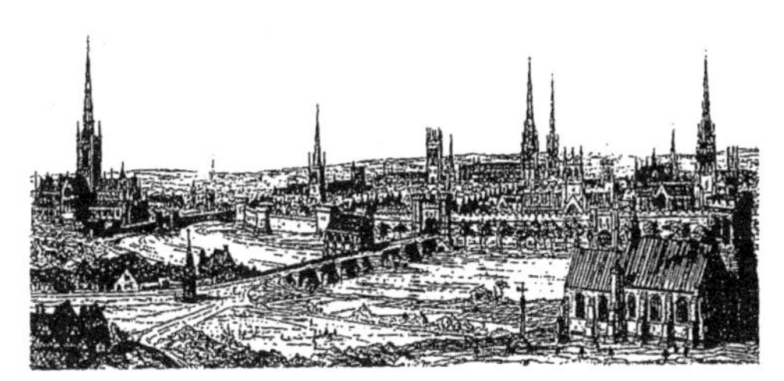
*1440年的中世纪城市

“富兰克林中心广场”能够称作建筑吗?

文丘里著述的意义，不仅在于其理论的作用，更为重要的是他把现代建筑与历史和日常生活联系在一起，并将其扩展。《建筑的复杂性和矛盾性》一书将建筑作为普遍意义体系中存在的符号进行考察，并因此带给许多建筑师以启示。

然而，在实际的建筑作品中，文丘里是如何尝试将理论表达出来的呢？其中又表达了他对于现代建筑怎样的理解呢？通过考虑这些问题，我们来探求现代建筑师所持的立场和态度。

我想就建筑作品而言，文丘里不能称为非常出色的建筑师。并不是说他的设计拙劣，而是他明快的手法与他作为著名理论家的定位相去甚远。

1976年他在费城设计了富兰克林中心广场［注9］。富兰克林就是那位以风筝实验而为人们所熟知的本杰明·富兰克林，曾发行过宾夕法尼亚公报，创立了宾夕法尼亚大学的前

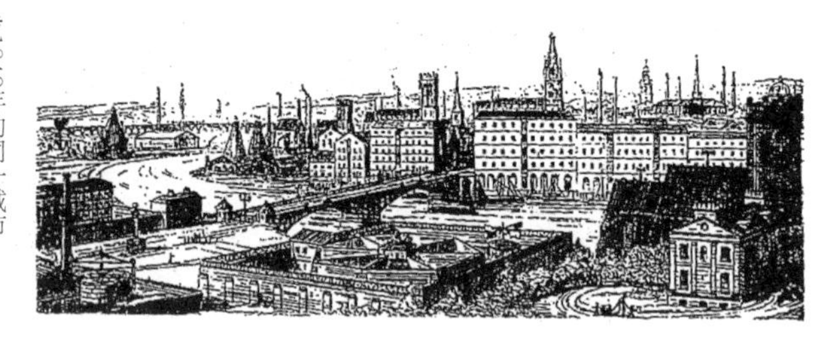

*1840年的同一城市

身费城学院，进行过科学研究，并作为政治家活跃在政坛。富兰克林中心广场是将富兰克林故居所在的市场大街建设成纪念馆。

文丘里将发掘出的故居的一部分露明保护，以住宅布局的骨架作为公园园路的构成元素，以钢架抽象地表现住宅的整体轮廓，而展示部分的纪念馆建筑建造在地下。

这样的设计方式，极其的简洁洗练。参观者在史实的基础上发挥想象力，在回忆富兰克林住宅的同时观看展览。

日本也时常有类似的纪念馆设计，或是完全复原旧住宅，或是将旧宅完全回填保持原貌，再另外重新建造纪念馆。在严密地研究探讨资料基础上，复原建筑并非不可能。富兰克林中心广场采取抽象的轮廓框架形式来表现历史，体现了美国式“理性”表现的精髓。

是的，非常“理性”，换言之，使人产生了对其“建筑性”的怀疑。以钢架轮廓来表现曾经存在的富兰克林住宅，虽是一种呈现方式，但是却不是建筑的方式。同样将展示设

*［注9］右侧照片为文丘里设计的「富兰克林中心广场」（1976年），运用象征的手法，用钢架表现曾经的富兰克林住宅的轮廓。基础部分设观察视窗可以看到残留的住宅基础。

施埋入地下的做法也是变相地放弃了建筑表现。

建筑师成为思想者，成为理性的诠释者，同时他的表现手法却趋向图示化。罗伯特·文丘里正是这类现代建筑师的典型代表。

理性诠释的建筑表现的发展

在伦敦的中心区域特拉法尔加广场上，文丘里所设计的“国家美术馆增建”［注10］也体现了相同的效果。

国家美术馆是英国最有代表性的美术馆，相当于卢浮宫在法国的地位。因此委托外国人设计增建部分惹来了批判和争议，对于此类国粹主义的批判我们暂且不论，单就建筑本身也招致了批判。

文丘里所使用的方法仍然是理性诠释的建筑表现，也就是通过解释既存的本馆建筑来完成增减部分的设计。

国家美术馆是由威廉姆·威尔金斯［注11］在1838年设计

*［注10］与国家美术馆的本馆（1838年）左侧连接的「森宝利侧翼」是由文丘里设计的增建部分。1991年6月完成，注意尊重周围的历史环境，不过分突出新建筑，运用了「保守派」的设计手法。（右侧照片）

的新古典主义风格建筑，其后内部由E·M·巴里［注12］增改建，而外部保留了过去的外观，统领着特拉法尔加广场的景观。中央穹顶左右对称的立面构成虽然在轮廓上略显薄弱，但是作为伦敦标志性的景观已为人们所熟识。

增改建的方案通过设计竞赛的形式来决定，最初是由美国的大事务所SOM以现代主义方案获得第一名，但是这个方案因为与伦敦的历史景观不相适应而遭到批评，最终被放弃。批判的领军人物是查尔斯王子。

结果文丘里的方案成为实施案。他的方案中使用了原来美术馆外观的科林斯式的巨柱（圆柱），将其逐渐抽象化；新旧建筑的连接部分以玻璃覆盖；增建部分以石材贴面开始，逐步过渡到抽象化表现。

在此我们看到的是用理性诠释的设计手法，解读建筑周围的环境，并将解读的内容运用到新建筑的表现中。因此在此也会使人产生疑问：这种手法是理性的，但是是否是非建筑性的。

*［注11］威廉姆·威尔金斯William Wilkins，1778–1839年。英国建筑师，曾周游希腊、小亚细亚、意大利，完成《希腊的古代遗迹》一书，设计过剑桥大学的唐宁车库，是哥特复兴主义的先锋。

*［注12］爱德华·M·巴里Edward·M·Barry，维多利亚王朝初期的领袖建筑师查尔斯·巴里爵士的儿子，曾设计过「查令十字」和「佳能街酒店」。

然而这个增建项目缺乏对地形变化的关注，存在构成上的缺陷。国家美术馆本馆建在特拉法尔加广场正中，扩建部分在本馆左侧，建造在逐渐降低的基地上。所以如果将本馆的入口定义为一层，则扩建部分的入口位置在地下一层。本馆在入口两侧使用科林斯柱式，高耸的巨柱控制着本馆建筑的整体风格，并向两侧排列延伸；而扩建部分向横向继续延伸，仍然使用柱式，入口却只能设在巨柱以下的位置。

理性诠释建筑构成时，文丘里的解释方式过于程式化。因此，虽然从建筑本身的构成而言颇有趣味，但是却与所建造的场所出现了错位。

从文丘里的手法中我们看到，现代建筑师所进行的理性诠释容易陷入静态的、程式化的模式。文丘里可以说是后现代主义的理论先驱，同时他也揭示了一个现象：作为理论家的建筑师在设计建筑实体时往往与实际脱离，这种倾向是后现代主义建筑最容易陷入的误区。

自然

被引入建筑物的自然元素
是异物而不是故乡般的归宿
虽然了解这一点但人们仍然坚持引入

在各个领域我们都会看到，现代科学技术对于自然抱有很大的期望。

例如，微型机器的开发者们通过再现昆虫的翅膀发明新的机械设备；医学家希望取得最小的生物单位。这些行为将“自然”作为外在对象，同时也认可其作为一种同源体的意义。

建筑相对于微观的自然而言太巨大了，而就其内在的运行系统而言也过于粗犷。然而建筑也同样憧憬自然，作为典型人造事物，对建筑而言，自然意味着根植于大地。

“建筑师用常春藤掩饰失败”

虽然人们在议论建筑与自然关系的时候，还不至于上升到地球温暖化问题的高度，但有很多人认为研究建筑生产系统如何有利于保护自然，如何与自然共存，是解决自然与建筑关系的关键。也有人认为应该重新认识传统建筑的建造方式，从中发现并学习有益的方法。

然而，这些方法似乎都基于对建筑发展远景的展望，并不具有实际意义。这些理论针对未来建筑与自然共生的远景，并未探究自然究竟意味着什么，只是从人类或者说建筑如何延续的角度进行讨论。

现在讨论这些理论的人，过去也许曾是未来学派的提倡者，或是工业化建筑的理论家。每时每刻追求正确答案的人对自己言论的变化是无意识的。

紧随时代潮流的人们之所以开始关注自然，是由于自然使人产生了研究的意愿。

原本自然是建筑的对立面，对于废弃的建筑物而言，植物的生长将加快其毁坏的速度。如果是石材建筑上生长了茂盛的植物，除去这些植物反而会加速建筑损毁的速度。吴哥窟和婆罗浮屠遗迹的保护就深受这个问题困扰。

有一句玩笑经常说“建筑师用常春藤掩饰失败”，植物覆盖了建筑物，建筑就呈现了不同以往的景象。一般认为常春藤爬满建筑，将使建筑物表面常年被湿气侵袭，这种现象对于建筑物而言是不利的。

然而，也有理论认为这样有利于建筑隔热，例如在平屋顶上种植丝瓜藤将起到隔热降温的效果。屋顶绿化是现代建筑的课题之一。这些都是借助自然的力量在建筑能源方面做出的努力。

征服自然的建筑，融入自然的建筑

建筑与自然的关系不仅限于这些以效率为核心的实用主义范畴。最符合日本人期望的是融入自然，回归自然的建筑形态。

木材、石材和泥土，经由人手而成为建筑材料，但其本质是自然材料。与铁、玻璃或混凝土相比，它们的状态就是自然界的存在状态。对这些材料的加工多以调整形状为主，如同切割了自然的一部分，再调整状态后用于建筑物。

特别是植物材料，如同字面意思，是回归自然的材料。日本人的传统住宅是木造建筑，因此日本人更关注建筑与自然的联系。

日本人所持的建筑观，基于他们对万物都将归于伤感寂灭的感性，认为建筑终有一天会消失。不同于与自然对立，抵抗自然，征服自然的建筑观。这种建筑观相信建筑生成于自然、在自然中流转，最后归于自然。与追求永恒，纪念性的建筑观相反。

那么，是否日本人的建筑观中完全不相信永恒？不，日本人相信永恒，但是他们在对自然的感怀中寻求，并且通过回归自然获得永恒。

石川啄木曾吟道“面对故乡的山无言”，因为故乡的山代表着自然和诗人共通的永恒。

建筑与自然的关系，不仅是环境体系上的连续，也包含变化不定的心理关联。

相比石材和泥土材料，木材等植物材料回归自然的速度更

*［注1］罗马洞石Travertine，大理石的一种，古代多用于建筑和装饰。罗马近郊的提维里出产的罗马洞石最为著名，罗马建筑大多用这种材料建造。除提维里外意大利的托斯卡纳州、伊朗、秘鲁、阿根廷、美国等也有出产。

快。历史建筑中存在时间最长的是石材或土等自然材料建造的建筑。

而且建筑容积越大，越具有耐久性，例如埃及、玛雅的金字塔。虽然材料具有耐久性，可是越是昂贵的材料存留的时间可能越短，因为后世对其施加的人为破坏更严重，例如大理石和花岗岩等材料建造的建筑物。

古罗马的圆形角斗场现在已经成为废墟，其上曾经使用的石材罗马洞石［注1］在文艺复兴时期曾被大量切削盗取。

还有伊斯坦布尔的初期基督教教堂——圣索菲亚大教堂，使用了各地掠夺剥取的大理石材装饰表面，可想而知有很多建筑物因此而受到损坏；青铜构件也经常被盗取后重铸使用，梵蒂冈圣彼得大教堂中，支撑中央大祭坛天井的铜柱，就是用来自罗马遗迹的材料制成的。

现在如果想要建造最耐久的建筑，那么可以不用钢筋和钢架，只以混凝土浇筑成厚混凝土壁，深埋在泥土中。当然还要选择在地震和洪水灾害少的地点建造。

*［注2］石田住宅，京都府北桑田郡美山町大字坚原字中冈九番地。庆安三年（1650年）创建，进深9.4m，开间9.9m，歇山顶，山墙设入口，茅草屋顶。

然而这样建造的建筑物的永恒性是反自然的、非人性的，让人感觉只是一座核废弃物的储藏库。

木结构建筑是与自然共同生成的文化

与自然的演变循环最易产生共鸣的建筑形式是木造的茅草顶民居。

京都府的北部山区美山町还残留着很多茅草顶的民居。美山这个名称令人联想到能够听到空谷幽鸣的深山。当我参观美山的国保单位田家住宅［注2］时，看到茅草屋顶欣欣向荣的景象，很有感触。

屋顶上长了草，说明这个家已经开始荒废，不是一件令人愉快的事。俗语中如果说谁的家宅屋顶上杂草丛生是喻示家道败落。但是另一方面日本人又对世事变迁、景色变换抱有特殊的美学认识。

即使是现在，也有人在茅草屋顶上种植菖蒲花等植物，意

*［注3］在美山町看到的更换屋顶茅草的场面。

在生活中引入季节时气的变化。

建筑的存在不应该为追求永恒而与自然对立，有一种建筑文化是在某些场所营造与自然循环的共生。木造建筑的文化就是这样一种建筑文化。木造建筑不是纪念碑式的建筑，而是与自然一起形成大循环的建筑。

我在美山町看到了其他农家更换茅草屋顶的场面［注3］，很多束茅草被拆开、排列、叠放，这是一种建造劳动，但是却没有令人联想到与建造相关的工业生产，而是农业劳动的延伸，充满了自然营造的情趣。作为自然产物的建筑现在仍然栩栩如生地存在。

现代建筑是工业化时代的建筑，被从自然营造中剥离出来。暖气等空调设备将建筑与外界隔断，人工照明使室内光环境不受天气变化的影响。工业化建筑独立于自然，二十四小时不间断工作的城市，把自然隔绝在外，成为人造世界中营造出来的城市。喷气式飞机环绕世界一周只需一天时间，它将人们从时间的桎梏中解放出来，也因此产生了终日乘坐

*［注4］盖特诺·佩斯 Gaetano Pesce 1939年生于意大利，1965年威尼斯大学建筑系毕业。以纽约为中心进行设计活动，并在柯柏联盟学院、斯特拉斯堡执教。

*［注5］有机建筑，海带加工的老店株式会社小仓屋的总社大楼，位于大阪市中央区南船场4–7–21。由UD咨询公司担任施工设计和监理。钢结构、钢筋混凝土结构，地上九层，地下一层。使用了132枚附加了树木盆栽的3米见方的壁面装饰墙壁。（图见下页）

飞机工作的营销业者。

技术文明带来的人类愿望，是如何将人造的空间和时间环境隐藏起来。然而所使用的手段往往因为内部机关的暴露令人更加不适。例如我们发现所在的舒适的、与环境相通的房间实际上是通过照明的调节获得的效果、或者大空间中繁茂的植物原来来自盆栽、或是酷似真品的人造树的时候。

巧妙地掩饰了真相是一种成功，但是遇到这种成功的机会很少。相较于发明照明和人造树的技术，如何巧妙地设计使用它们似乎更难。

既然这样，与其巧妙地掩饰，不如尝试用朴素的方法感动世人。

盖特诺·佩斯的“有机建筑”

当我在杂志上看到意大利建筑师盖特诺·佩斯［注4］在大阪设计的“有机建筑”［注5］时，就产生了这样的想法。

*［注6］预制混凝土构件precast concrete，钢筋混凝土或钢结构混凝土可采用现场施工的方式，也可预先在工厂或现场制成成型的梁、壁面等，这种预制的构件称为预制混凝土构件。

建筑的墙面上布满了盆栽的植物，超越了人们对建筑的常识。而且盆栽的种类以亚热带植物居多，带给人亨利·卢梭所描绘的热带丛林的气氛。

后来我出差去奈良，为了亲眼看看这栋建筑特意绕道大阪。根据杂志的介绍，建筑位于距长堀路和御堂路不远的市中心办公区。相当于东京大手町至神田的办公中心区。我对大阪的地理总是分辨不清，也因此每次去都有惊喜。我想如大阪那样不同街区有着不同风貌的城市很少见，就像大城市的怀里藏着许多不同的袋子。

有机建筑的附近有几间木材商店，沿着护城河边旧有的道路排列。船将木材运到这里，形成了专营木材的河岸，体现了这个办公地区的形成过程。但是周围没有什么变化，土地也很平坦，给人的印象是商业城市的景象。有机建筑就矗立其中。

建筑物的规模出乎我意料的小，也就是常见的街道两侧的办公楼的规模，是九层的街角建筑。预制彩色混凝土板

*［注7］藤森照信，1946年生于长野县。东北大学工学部建筑学本科毕业，东京大学博士课程毕业。东京大学生产技术研究所教授。最初设计了「神长官守矢史料馆」，其后设计了「蒲公英住宅」（1995年）、「韭菜住宅」（1997年）「秋野不矩美术馆」（1998年）等引人注目的建筑作品。

［注6］外墙，茶色墙面，在墙面上安置了管道般的培植器皿（planter）。种植了各种各样的植物。就如我在杂志上看到的照片那样，亚热带植物比较多，但并不像想象的那样显现出茂盛的生命力，但是确实营造出了健康的环境气氛。

如同从大城市中央偶然走到了幕后，忽然看到热带丛林，这种偶遇如同虚幻。看到健康的植物，就如同看到了真正的树林。

这个建筑令人感到不可思议，各处都能看到排水管道。水对生命至关重要，但是如何进行水处理对于确保建筑的舒适性同样重要。这座建筑努力将这两个背反的要素略显生硬地结合起来，使植物与工作环境共存，建筑的魅力就体现在这种生硬的结合上。

现代建筑中有意识的低技术表现

现在使用高端技术建造的建筑，并没有在建筑中表现这

*［注8］神长官守矢史料馆Jinchokan Moriya Historical Museum 长野县茅野市宫川389番地1号。守矢家族一千多年来，负责主持诹访大社的祭祀活动，这个史料馆就是保管和收藏这个家族历史资料的场所。1991年2月竣工。

些技术。或者说建筑中应用的技术与建筑的表现没有联系起来。无论是情报处理技术、人工环境确保技术、安全确保技术，都没有采取可见的形式。因此配备了这些技术的建筑，充其量只是这些装置的容器。

内容与表现相分离是现代技术文明的特点，将外部表现做为外壳设计是现代设计的一种倾向。也可以说建筑的外观设计更像是设计具有耐久性的外包装。

然而，这样做的结果是到处充斥着光滑的、闪亮的、如同包裹着包装纸的建筑。虽然它们确保了建筑功能，但充其量只是类似印有品牌标识的名牌购物袋。不同于这种购物袋式的设计，“生硬”是对建筑物营造的一种尝试。对应高技派的表现手法，一般我们将这种手法称为低技派。不同于从即存建筑技术中选取方法构件组装建筑，手工方式营造建筑，以手工作业的形式建造的手法称为低技派。

盖特诺·佩斯进行了这种尝试。当然，在九层高的建筑物的墙面上放置盆栽，并不是简单朴素的做法。这不同于在公

*［注9］建筑电讯派Archigram，1960年代以彼得·库克为核心结成的前卫建筑团体。沃伦·乔克、罗恩·赫伦、丹尼斯·克朗普顿、迈克尔·韦布、戴维·格林是其核心成员。发表的实际作品、拼贴画、白描都是没有脱离形式范畴的蓝图或想象图。左侧照片为《插入城市》（1964年）。插入式构成的城市，构成要素可以根据使用年限更换。（右图）

寓阳台上摆放盆栽，而是让盆栽附着在建筑表面，令建筑壁面上呈现出植物繁茂生长的景象。这种强硬的作法形成的自然，不是培育加工出的自然景观，而是强势附加在建筑物上的自然，反而营造出茁壮的真实的自然景观印象。

建筑中引入野生的自然要素

虽然现代建筑期待自然概念的介入，但这不是一个能够简单达到的目标。巧妙地使用天然材料，或引入自然的岩石和木材等材料，往往只能得到加工过的自然环境。自然对于现代城市而言不应是零星的点缀，而应是生机勃勃的存在。

我最近去首尔的郊外参观，在那里看到大台阶的两侧幅员广阔，台阶各段排列着盆栽，其中种植着绿油油的麦子。满铺的麦穗连绵不绝，就像介绍中提到的如同绿色的大斜面。它并不像草坪一样平缓，带着锐利尖端的绿色浓郁地铺展成斜坡，展现出野生自然的景色。

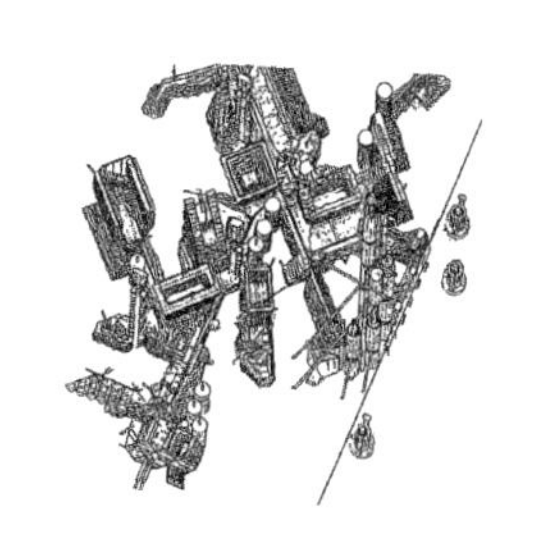

近代建筑史学家藤森照信［注7］在家乡设计建造了神长官守矢史料馆［注8］之后，又设计了蒲公英住宅、韭菜住宅等建筑，既是以低技派手法在建筑中引入野生自然的例子。

守矢史料馆的设计，设计师并没有对曾经伴随自己成长的土地要素进行加工，而是充满敬意地引入这些要素。守矢家族世代继承主持着诹访大社的御柱祭祀，因此在建筑的前端设置两根贯穿屋顶的自然木柱，并且建筑的墙壁采用泥土纹理的土墙面。藤森执着于这些生硬的作法，并让其始终贯穿这座小建筑的设计。

现在，藤森照信一边继续他建筑史学家的工作，一边仍在继续设计，他的设计工作受到瞩目。因为他执着于将建筑与植物联系起来，在建筑中引入与其相适应的自然的外观，他所追寻的自然是与植物界、原始时代相通的自然。

*［注10］彼得·库克 peter cook，英国建筑师，1936年生于埃塞克斯，毕业于伯恩茅斯艺术学院建筑系，曾就读于英国伦敦建筑学院（英国建筑协会运营的学校）。现任伦敦大学学院教授。左侧照片为「真实·城市·法兰克福」（1986年）。

外来的自然与日本人的建筑观能否相适应

1960年代前卫建筑团体建筑电讯派［注9］成立，提倡机械化的建筑与城市形态的英国建筑师彼得·库克［注10］也曾探讨过覆盖绿色的建筑、融化的建筑、包裹在水滴中的建筑等建筑形态。

我们很难知道他以什么为根据追寻这些建筑，但至少他认为建筑是与“自然”对话的存在。60年代的机械式的城市形态无疑也是具有时代特征的，主张建筑、城市与自然对话的形态。

无论是设计“有机建筑”的盖特诺·佩斯，还是彼得·库克都尝试在现代都市中引入一种要素，这就是“自然”概念。但是这样引入“自然”的过程不可能顺畅。引入的自然不能缓解现代人的精神压力，令人回归安宁的、母亲怀抱般的、能够起到中和剂作用的原生的自然。而是他们所提示的“自然”，也就是“外来异物”的自然。

因此他们无法自然地延伸进建筑物，而只能用生硬的强势的手段侵入建筑物。这也是他们对现代所提出的质疑的本质所在。

自然不再是故乡母亲，而是外来物，但失去这个外来物，人类也就切断了自己存在的根基。造园学者进士五十八曾将植物分为“宠物”、“家畜”、“野生”三种。宠物根据人的指令存在，野生是不假人手的存在。虽是外来物但与我们和平共处的自然，难道这不是我们应该追寻的自然吗?

与自然的相处，是在了解其外来物存在的基础上认可周围环境。这样的自然观与日本人的自然观似乎在某些方面联系在了一起。

理性

与万事俱备的世界相对
使规范化的现代建筑更加洗练的方法
指导这个方法的是建筑表现的理性

年槙文彦（日本）。1994年克里斯蒂安·德·波特赞姆巴克（法国）。1995年安藤忠雄（日本）。1996年乔斯·拉法尔·莫尼欧（西班牙）。1997年斯维勒·费恩（挪威）。1998年伦佐·皮亚诺（意大利）。

*［注1］代官山集合住宅街区的所在地，是东京都涉谷区猿乐町，距东急东横线的代官山站步行三分钟的位置。在巧妙利用周边环境的用地范围内，保留着猿乐塚古坟和暗闇坂地藏道标等古迹。

“1969年，具有重要意义的代官山集合住宅街区［注1］项目在东京开始。这个历时25年6期的施工最终完成的项目，不仅是槙文彦天才的纪念碑，也记录着现代主义的历史。”

这段文字是1993年普利茨克奖［注2］颁发给日本建筑师槙文彦时的一部分公示说明。他的工作在其后仍然继续，延续了三十多年。

普利茨克奖被称为建筑界的诺贝尔奖，仿效诺贝尔奖的评选方式，每年选举一名建筑师，颁给10万美元的奖励，是最权威的奖项，也是建筑师们最为憧憬的荣誉。

自1979年美国建筑师飞利浦·约翰逊获得第一届奖励之后，这个奖成为建筑界的最高奖项，这也是普利茨克奖的意义所在。

在建筑理想趋向多样化、分散化，谁也分辨不出中心何在的时代，如果能够以某种形式树立具有象征意义的中心，也许是很多人无意识中抱有的期望。那么这个中心是什么呢？

*〔注2〕普利茨克奖历届获奖者。1979年飞利浦·约翰逊（美国）。1980年刘易斯·巴拉干（墨西哥）。1981年詹姆士·斯特林（英国）。1982年凯文·罗奇（美国）。1983年贝聿铭（美国）。1984年理查德·迈耶（美国）。1985年汉斯·霍莱因（奥地利）。1986年戈特弗里德·玻姆（德国）。1987年丹下健三（日本）。1988年戈登·邦夏（美国）贺奥斯卡·尼迈耶（巴西）。1989年弗兰克·盖里（美国）。1990年阿尔多·罗西（意大利）。1991年罗伯特·文丘里（美国）。1992年阿尔巴多·西萨（葡萄牙）。1993

后现代主义时代创立的普利策奖

普利茨克奖1979年创立，而桢文彦的代官山集合住宅街区项目开始于此前十年，这让我联想起很多事情。

现代主义建筑形成于20世纪20年代的欧洲，其后扩散到世界各地。在60年代末出现拐点，经过70年代中期的石油危机，最终进入后现代主义时期。后现代主义的建筑，大胆引用历史建筑表现和主题，出现了许多与20年代的现代主义截然不同的建筑设计。

然而现在我们可以明显地感觉到，后现代的历史主义表现手法已成为过去式。特别是在日本，历史主义的表现不仅是西欧异域文化的产物，而且还很难抹去异国情调的流行色彩。而且在泡沫经济破灭的当代，人们会很自然地将后现代主义的建筑表现与泡沫经济的奢华及空洞联系在一起。也因此随着泡沫经济的破灭，建筑的中心随之消失。

70年代末，在建筑发展趋势越来越难以把握的时候，普利

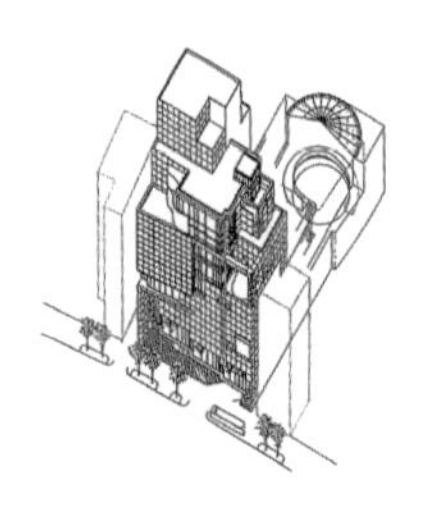

*从右至左为贝聿铭设计的「卢浮宫美术馆的金字塔」、丹下健三设计的「东京都厅」、桢文彦设计的「螺旋」。

茨克奖诞生了，而桢文彦的代官山集合住宅街区建设开始于此前十年。

桢文彦领悟的现代主义建筑精华

那么让我们把桢文彦这个建筑师放在现代主义建筑的变迁中再次探讨。

他1928年生于东京，外祖父家族的祖上是竹中工务店的创始人竹中藤右卫门。他1952年毕业于东京大学建筑系，后留学美国，1953年入克兰布鲁克艺术学院，1954年入哈佛大学建筑系，取得硕士学位。他的处女作是密苏里州圣路易斯的华盛顿大学斯坦伯格美术中心。

梳理他的经历，可以看到，桢文彦所处的时代，正是战后现代主义流行、而美国尚未受到肯尼迪暗杀事件和越战影响时期，他在这样一个明朗的传统环境中成长为建筑师。而且1958年他获得芝加哥格林汉姆奖学金的资助，得以前往亚洲

和西欧游学两年，参观各地建筑。

可以说桢文彦在建筑传统最明朗的时代，以最便利的方式了解和掌握了建筑技能。而他所掌握的建筑技能其后又可以在经济大国日本得以发挥实践。

这样的成长轨迹，无论是西欧的建筑师、美国的建筑师还是第三世界国家的建筑师都不可能体验到。不论是哪个文化圈，在50年代开始的半个世纪中，都经历了灰暗的时期。

因此在桢文彦的建筑设计中，有着令西欧建筑师也感到炫目的光辉。这种光辉是现代主义建筑成立过程中的理性和梦想的光辉。

现代主义建筑具有社会主义意识倾向

现代主义建筑被称为国际风格（international modern），让我们注意其中的“international”一词。欧美国家有时将其与左派意识形态概念联系起来，特别是20世纪初这种印象最为强烈。

当然，“international”一词在中世纪末期也曾使用在哥特风格上，如“国际哥特式”，按照字面意思就是指“超越国境”。现代社会中的超越国境首先是指护持国旗超越国境的帝国主义扩张，而抛却国旗的超越国境则是指阶级问题。

从“起来饥寒交迫的人们，这是最后的斗争……”的口号开始，共产主义者们的歌曲中的“international”就喻示着与国际主义相联系的阶级问题。

现代主义建筑所提倡的“international”就是这种意义的国际问题。

现在普遍认为1927年在德国斯图加特近郊的魏森霍夫举办的住宅展览会，对于现代主义建筑的确立具有至关重要的意义。在住宅展览会上密斯·凡·德·罗、瓦尔特格罗·皮乌斯、勒·柯布西耶、马特·斯坦［注3］、彼得·贝伦斯［注4］等对现代主义建筑确立起到重要作用的建筑师都展示了自己的住宅作品，从造型角度而言现代主义建筑已经形成。而

*［注3］马特·斯坦Mart Stam 1899年出生。荷兰的现代主义建筑初期的代表性建筑师。在密斯·凡·德罗的邀请下参加国际建筑运动，曾有作品在1927年魏森霍夫住宅展览会上参展，曾在德绍的包豪斯任教。也是CIAM的创设会员。

*［注4］彼得·贝伦斯Peter Behrens1868–1940年，德国建筑师，生于汉堡。1907年被柏林的德国通用电气公司聘请担任建筑师和顾问，参与设计公司的厂房、员工住宅，以及海报、信笺、文具等的设计。

有趣的是筹备住宅展览会的中心人物密斯·凡·德·罗承认参展建筑师中大多有社会主义意识倾向。

很多建筑师认为现代主义建筑将带来理想的未来社会，而这个社会要通过社会主义式的方法来实现。现代主义建筑所否定的风格主义、样式主义以及装饰性，是属于近代以前的封建等级制度的，是与标榜近代资本主义社会的财力相联系的。在造型上否定过去的形式，与否定资本主义社会的社会制度是密不可分的。

而且，现代主义建筑师选择了住宅建筑这一建筑类型，与过去的宫殿，大型住宅不同，服务对象是工薪阶层（也就是劳动者、白领等受资本家支配的阶层）。

这种带有社会主义意识倾向而确立的现代主义建筑，从诞生地欧洲传到美国后得到了新的发展。其标志就是1932年由H·R·希区柯克和P·约翰逊撰写的《国际式风格》一书在美国出版。书的内容我在前面的章节“装饰”中已经谈到，现在我们再次探讨书的题目，《国际式风格》将与共产主义

*［注5］彼得&艾莉森·史密森Peter（1923-）and Alison（1928-1993年）Smithson，英国建筑师。亨斯特顿中学的设计受到密斯·凡·德罗的影响，其后倾向于勒·柯布西耶的粗野派。

有千丝万缕联系的“国际式（international）”一词和美学概念的“风格”一词连接起来。是令国际式建筑脱离意识形态范畴的第一步，正是这种脱离使现代主义建筑林立于第二次世界大战后的曼哈顿。

现代主义建筑从社会主义意识倾向向美国式理性的转化

现代主义建筑脱离了社会主义意识形态，不知不觉发生了蜕变。没有理想支撑的形式操作，最终不过沦为流行风潮。

事实上，从宏观上观察战后现代主义建筑的变化，可以看到丧失思想基础的形式操作的倾向，虽然扩展到世界各地，却没有了核心。

当然现代主义建筑师中也有人没有脱离意识形态的领域，例如英国的建筑师彼得和艾莉森，即史密森夫妇［注5］。他们接受大学教育，同时继承了英国社会主义的传统，结成服务于劳动者的自学团体，举办了各种各样的艺术运动。

他们成为建筑师后，参加了成立于战前的建筑师团体现代主义建筑联盟（CIAM），筹备了第十次会议。因筹备第十次会议他们被称为Team10，Team10对CIAM的方针提出了异议，CIAM在第十次会议后解散。其中执着追求社会主义意识理念的史密森夫妇不妥协的态度起到了作用。

史密森夫妇作为建筑师，以亨斯特顿中学、伦敦的经济学人杂志社、罗宾汉学校集合住宅等作品而知名，他们的作品不多，70年代后期以后没有作品问世。

他们的社会主义意识理念，在实际的项目实施中遇到越来越多的困难。与战后英国的愤怒的一代相比，史密森夫妇的作品集中在50、60年代。

1993年艾莉森去世后，1994年彼得曾来日本访问，与前次赴日时隔30年。在与他的交谈中，我了解到他作为建筑师的思想历程，他的思想属于继威廉·莫里斯之后的英国社会主义范畴；同时我也了解到现代主义建筑的意识形态究竟是怎样的，那是在战后美国的建筑中无法看到的。

那么，初期现代主义建筑脱离了社会主义意识倾向后，美国的建筑是以什么理想为目标的呢?

应该是民主主义理想，伦理性，也就是以理性的程度为标准。当理性如凉爽的和风般存在时，美国建筑闪烁着光辉。实际上，50年代、60年代的美国建筑具有这样的光辉。当我参观耶鲁大学校园中埃罗·沙里宁作品时，切实感受到美国的理性在此化为了建筑的形态。

桢文彦正是在50年代的美国环境中成长为建筑师的。然而其后美国变得玩世不恭，越战后又产生了后现代的形式主义建筑。那里的历史样式，与19世纪复兴运动时期不同，只是表面的素材而已。

代官山集合住宅街区的年代划分

桢文彦1965年在东京开设了桢综合计划事务所。在美国建筑变质的时候，他在日本正式开始了设计活动。代官山集合

*下图 代官山集合住宅街区

*代官山 集合住宅街区

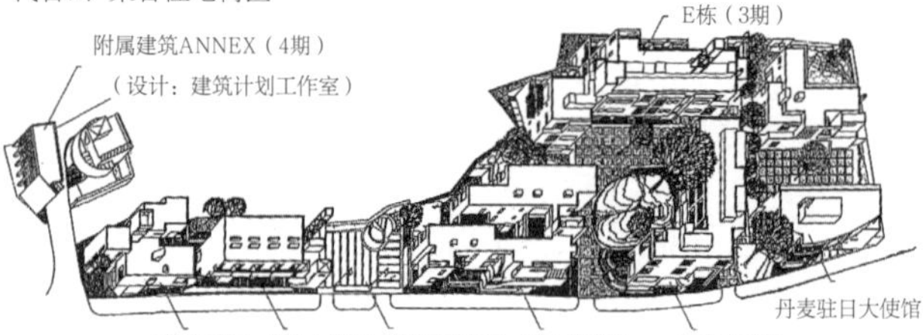

住宅街区的规划在他后续的设计工作过程中逐步完成。

按照六期的发展轨迹整理如下：

一期，公寓和店铺，1969年10月竣工。

二期，同上，1973年5月竣工。

三期，同上，1977年12月竣工。

（丹麦大使馆，1979年竣工）

四期，附属建筑ANNEX（元仓真琴设计），1985年竣工。

五期，购物广场，1987年6月竣工。

六期，公寓、店铺，1992年2月竣工。

七期，代官山West，1998年9月竣工。（上图所在地对面的用地）

伴随这个漫长的规划设计，桢文彦设计了众多建筑，如同记录自己的人生历程，他的设计作品逐渐发生着变化，记录着变化。这个建筑群在30年时间里，虽然风格越来越洗练，却如同自然形成的街区。

最有趣的是，这个漫长的开发规划是由街区的土地所有者

第1期 A栋／1969年
第1期 B栋／1969年
第2期 C栋／1973年
第3期 D栋／1977年 第4期 附属建筑ANNEX A栋／1985年
第3期 E栋／1977年 第4期 附属建筑ANNEX B栋／1985年
第6期 F栋／1992年 第5期 购物广场／1987年
第6期 G栋／1992年 丹麦驻日大使馆／1979年

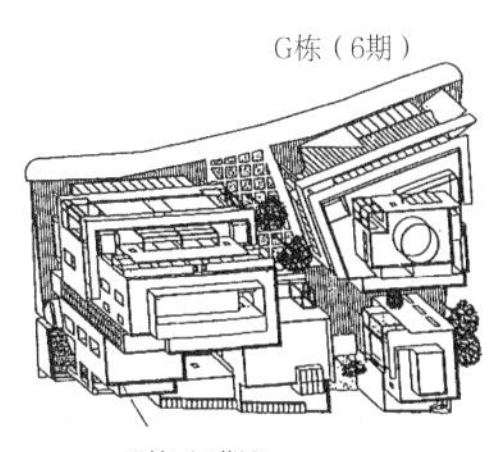

主导进行。

纵观日本的大城市，特别是东京的现代化进程，会发现多个土地所有者主持的开发痕迹。最有名的是丸之内办公街区的开发，三菱（岩崎家族）集团从政府处取得土地所有权后即着手进行了开发。除此之外三菱还进行了神田三崎町和驹入大和乡的街区开发。

拥有大规模土地的土地所有者进行了重塑街区的区域开发。对于城市的现代化及城市风貌改变的原因，一般我们认为是大规模城市规划的制定、或道路及铁路的开通起着主导作用；实际上在上述制度和市政结构基础上的街区化和住宅化才是城市面貌变迁的根源。在城市面貌的变迁中，大规模土地所有者的动向至关重要，由此产生的街区比那些城市规划基础上实施的区划整合更具有个性。

战前旧大名阿部家族的本乡西片町开发、实业家渡边治卫门的日暮里渡边町开发等就是著名的例子。涉谷区松涛、五反田的岛津山和池田山等独具风格的住宅区也是以大名的宅邸为基础建设的住宅区。

反映时代变迁的街区

代官山集合住宅街区的开发，既是大规模土地所有者的街区开发，又反映了明治以来东京历次规范化的街区开发手法。

而代官山集合住宅街区的独特之处在于，这些规范化的街区改造出自同一个建筑师之手，而且历时三十年琢磨而成。

由大地主进行的城市开发项目即使使用了规范化的手法，一般也是从道路网设计层面开始整体进行，再逐个进行建设。如果不是这样就是开发与建设同时进行。一个建筑师耗费30岁到60岁的时光，进行连续的建筑设计构成街区的例子相当独特。

这种方式的结果是街区反映了时代的变迁。桢文彦持之以恒的现代主义建筑设计使这里成为记录现代主义建筑历史的街区。60年代末开始到90年代期间，现代主义建筑从初期功能主义色彩浓重的表现，动摇成为后现代的历史主义表现。但是代官山集合住宅街区并未动摇，这是桢文彦与后现代保持距离的结果。

他认为后现代的历史主义表现，在原本没有西方传统的日本城市中很快就会烟消云散。这是深谙欧美建筑传统的建筑师做出的选择。

“with maki”与桢一起行进

从宏观角度来看，20年代在欧洲确立的现代主义建筑传至美国并开花结果，扩散开来，这个时期在美国学习的日本建筑师桢文彦保持了现代主义建筑的精髓，并做出提炼。

获得普利茨克奖的同时，桢文彦获得了UIA（国际建筑师协会）的金奖。UIA是职业建筑师的组织，也就是以专业职责为理想的建筑师团体。这个团体对桢文彦的表彰针对他身为建筑师的方式，及他所表现的高度理性。

芝加哥的UIA表彰仪式之后，与会的建筑师们带着刻有“with maki”的徽章前行。日本建筑师是第一次得到这样的充满敬意的荣誉！

而同时，欧美建筑师中有舆论认为造就桢文彦的是美国的建筑风土。他坚持了从美国学到的建筑精神，美国的风土在其后变得玩世不恭，桢文彦却留住了现代主义建筑的光辉。产生这样的观点并不意外。

桢文彦在现代主义建筑发生巨大转变的时代，始终执着于现代性的本质。他并没有因为建筑界关注点的变化而放弃对现代主义建筑的理性光辉的信仰。

日本的经济常被世人认为是非理性的、经济至上主义的。并且日本被指出是政治不透明的国家。在建筑的世界中，曾有说法认为日本有着“什么都实际付诸建造”的倾向。日本人也认为这是因为自己国家的经济基础雄厚的结果。在“什么都建”的世界中，与之相对的是洗练、简洁的现代主义表达途径，而为之指引方向的是建筑表现的理性。

艺术

协调巨大与纤细
融合艺术与技术使其视觉化
这就是建筑的艺术

Art翻译为艺术，然而Art和艺术的关系却很复杂。江户时代就已经有诸多“艺术论”问世，如丹羽樗山的《天狗艺术论》（亨保十四年，公元1729年），平林正相的《艺术万病圆》（安永二年，公元1778年）等被广泛流传；另有幕末安政二年（公元1855年）大森正富著述了《艺术秘传图会》。

然而这些书所提及的“艺术”，并不是“fine art”，而是指武艺武术的艺、术。《天狗艺术论》及《艺术万病圆》是剑术书，《艺术秘传图会》则是炮术书。其他出版的“艺术论”都是关于这一类武艺武术的书籍。

明治时代在伊泽修二著的《教育学》中提到“此诸般武艺练习，可造就强壮的体魄，但是此等艺术……”，可知艺术一词曾经由明治时代的开明官僚用于形容武艺武术。

幕府末期的佐久间象山提倡“东洋道德西洋艺术”，与此后普遍倡导的“和魂洋才”意义相同，指取固有的东洋和日本价值观，而采用西洋的科学技术。此处所说“艺术”意指“技术”。

美术馆令价值观可视化

艺术一词在幕末至明治初期时没有现在的词义。那么“fine art”概念在明治时代引入时翻译成什么呢?

当时的日本没有“fine art”概念，这一概念是通过明治时期的翻译语引入日本的。当时相对应的翻译词汇是“美术”，由五稜郭之战后服务于明治政府的幕府技术官僚大鸟圭介创造。

按当时的说明，美术是指“音乐、绘画、雕像等技术，也包括诗词”，“泛指图画、雕刻、模型等工艺”。根据这个说明，包括了音乐、诗歌，按照现在的定义最适合用的概念就是“艺术”。

在此我很难去追溯西欧的艺术或美术概念的历史，但是如果谈到作为艺术殿堂的美术馆制度，则法国的卢浮宫占据着重要的地位。

1965年狄德罗在《百科全书》项目中提出，卢浮宫应该作为皇室收藏的公开展示场所，当时的国王路易十五认可了这一提议，现在普遍认为这是美术馆概念的最初确立标志。此后虽经过大革命这一概念经久不衰，形成了时至今日的美术馆历史。

让我们再次考察日本的历史，美术馆一词翻译为博物馆或美术馆，“museum of art”翻译为美术馆，而“museum”译为博物馆，其间的区别并不清晰。首先，在英国如果去“museum”，则可能看到动植物的标本、武器、绘画、雕刻等各种展示，“museum”是展示一切与人类认知发现的历史有关的事物的场所，很难简单概括。

因为“museum”是18世纪以后，启蒙运动及理性主义时代的精神产物。世界诸般事物的可视化展示，是以实证精神为基础，反映了启蒙运动的精神。

*［注1］将皇宫建筑改造为美术馆的大卢浮宫计划。贝聿铭设计的金字塔底边35m，高21m，斜面的倾斜度51.7°。使用不带蓝色的透明度极高的20mm厚玻璃砖，结构体为圆钢和钢丝线。（下页照片）

贝聿铭的图像解释游戏

在我们的认知中，谈到“可视化”就会自然联想到建筑。建筑物从形态显现（也包括停留在图面阶段的建筑）的一刻开始具有意义。可视化对于建筑而言是最重要的一点。人类虽然可以进行多种概念的交流，但是最壮观的视觉交流由建筑及建筑师来完成。博物馆将世界万物以视觉化的方式展示，美术馆收藏着以视觉化方式表现世界的美术作品，建筑师在设计它们时，具有两重性质，是建筑师式的建筑师。

设计卢浮宫美术馆扩建工程［注1］的华裔美国建筑师贝聿铭就有资格自称为建筑师式的建筑师。

卢浮宫美术馆改造计划的起点，是法国总统决定将卢浮宫内的财政部迁出，将其使用的部分用于美术馆的扩建。1984年贝聿铭的设计方案得到总统的认可，在拿破仑广场的中心修建地下部分，设新的美术馆入口。新入口是以玻璃建造的金字塔。

建设工程不仅规模大，而且是对巴黎的中心——卢浮宫进行改建，玻璃金字塔的设计无疑会引起广泛的争议。因此在方案提出的第二年5月1日～5日，曾将与设计方案相同的金字塔摆放在拿破仑广场，以便观察实际效果。

即便这样，仍然令人疑惑在这里为什么要选择金字塔造型。因为其功能是通往地下的入口，所以选择埃及的金字塔可能是原因之一。人们对金字塔的普遍印象是它的厚重，所以材料置换为玻璃。

另外，拿破仑的埃及远征曾对其后埃及学的发展和埃及样式的复兴产生了巨大的影响，因此这也是拿破仑广场上的建筑物采用金字塔造型的原因之一。

并且，卢浮宫至协和广场、再通向香榭丽舍大街，至明星凯旋门的轴线，是贯穿巴黎中心的中心线。协和广场上矗立着来自埃及的方尖碑，而在这个轴线上放置玻璃金字塔，也许是献给巴黎的最合适的礼物。

对于喜欢争辩的法国人而言，很有必要以多重逻辑来说明在卢浮宫扩建中选择金字塔形入口的理由。贝聿铭操纵并成功驾驭了图形解释的游戏。1994年卢浮宫重整计划经过十年终于完成。

现代的纪念碑的构成法

贝聿铭1917年出生在中国广东省，父亲是大银行家。他在上海学习后，1938年赴MIT留学，1940年毕业。其后，1946年取得哈佛大学建筑系硕士学位。这个时期的哈佛大学正是从德国避难而来的瓦尔特·格罗皮乌斯任教期间，贝聿铭在他的教导下学习了正统的包豪斯［注2］现代主义建筑理论。

哈佛大学毕业后，贝聿铭在房地产商W·泽肯多夫手下从事建筑设计，这段经历使他掌握了操作大规模项目的能力。中国传统建筑中有许多例子是以宏伟轴线上的建筑群构成的，深谙这种构成的贝聿铭将其与美国式的大规模计划手法相结合，创造了现代主义纪念碑建筑的构成手法。

*［注2］包豪斯Bauhaus，1919年在魏玛创设的、面向新时代的工艺、设计、建筑学校。1925年迁往德绍，1933年被纳粹政权关闭。随着格罗皮乌斯、莫霍利·纳吉等人到美国避难，包豪斯精神传至美国。

*［注3］约翰汉考克大厦（1969–1973年），John Hancock Tower，建造在波士顿的市中心，在历史建筑理查德森教堂与波士顿公共图书馆之间，外壁的玻璃幕墙设计使建筑透明空灵，与周围景观完美协调。

*［注4］基督教科学中心（1973年）Christian Science Church Center，1894年以基督教科学教堂为中心进行的地区再开发，建筑的公共空间大部分设计为水池。

1960年他独立开业，先后完成了波士顿的约翰汉考克大厦［注3］、基督教科学中心［注4］的设计。约翰汉考克大厦是波士顿唯一的高层建筑，外立面是整片玻璃幕墙的简洁标志性建筑；基督教科学中心是素混凝土的复合建筑，视觉的重点主要集中在建筑物前广阔的水面。同一时期设计出这样对比强烈的两座建筑，贝聿铭的深远胸怀由此可见。

而且，汉考克大厦曾因玻璃幕墙坠落事件频出，在现代建筑史上引起过争议。这座建筑使用吸热反光玻璃组成的玻璃幕墙，由于吸收热量玻璃发生变形，出现了脱落。

这样的事故对于建筑师而言是致命的，一般会令建筑师再难翻身。有人认为这种事故虽然有技术和设计的原因，但最主要的是生产厂家的问题，因此贝聿铭才可能复出；也有人认为是美国和中国的经济实力成为了贝聿铭的后盾。

不论什么议论，贝聿铭能够再次崛起的原因主要是他突出的造型能力。他在其后的设计生涯中通过众多美术馆、文化设施的设计彰显了他的造型能力。代表性的作品有华盛顿

*基督教科学中心

国家画廊的扩建（1978年）；波士顿的JF肯尼迪纪念图书馆（1979年）；波士顿美术馆［注5］（1980年）等。卢浮宫美术馆扩建方案的获批也得益于他在华盛顿和波士顿所设计的美术馆扩建。

卢浮宫美术馆的扩建是“大建设计划”的关键

卢浮宫美术馆的扩建计划，不单只是建筑物的整合。推进这个计划的密特朗总统，在巴黎开展了一系列新建设，如新巴黎歌剧院建设、拉维莱特公园的再开发、德方斯地区的新凯旋门［注6］建设等。卢浮宫扩建就是这个“大建设计划”的重要一环。卢浮宫美术馆的玻璃金字塔所代表的新的纪念性建筑，与卡鲁索凯旋门、杜伊勒里公园、协和广场的方尖碑、香榭丽舍大街、明星凯旋门、新的城市副中心德方斯地区的新凯旋门排列成一线，形成了宏伟的巴黎中心轴。

没有哪座城市比巴黎更具有纪念性，在巴黎引入金字塔形

*基督教科学中心柱廊

态，喻示了大建设计划成功的秘诀。

然而设定壮阔的城市轴线，配置光辉灿烂的纪念性建筑，这种手法对于日本人而言，会感到过于宏大，产生无法把握的感觉和距离感。对日本人而言，更倾向于弯曲的小路、半隐半现的景观、令人产生模糊的似有似无联想的设计，认为那样更具有韵味，并且更加洗练。

贝聿铭所具有的中国式的感性，带给他强烈直观的表现倾向，使他能够与巴黎街道固有的布局相抗衡。在巴黎街道具有代表性的文化遗产上附加现代主义的纪念性要素，为什么必须借助华裔美国建筑师的力量，为什么法国人要委托他来做这个设计，上述的思考也许能让我们明白一二。也就是说，因为他是华裔美国建筑师，所以足以与巴黎抗衡。

从格罗皮乌斯到贝聿铭的现代主义建筑理念

我曾经与贝聿铭有过一面之缘，当时正是卢浮宫金字塔工

*［注5］Fine Art Museum，波士顿代表性的美术馆。设立于1870年，1876年开放。收藏种类多、范围大，也收藏了许多日本美术名作。1980年贝聿铭设计了扩建工程。日本人中根金作在其中设计了日本庭院。

程建设进程中。贝聿铭很感慨地谈到，他是1917年出生的，与他同年代的建筑师已经越来越少，在世界范围内仍然从事建筑设计工作的大概只剩下丹下健三［注7］。给我的感觉是，这是他作为以现代主义建筑为荣的一代建筑师中的一员，回顾其他成员的发展轨迹时，由衷而发的感慨。

有评论认为，贝聿铭的作品继承了德国现代主义建筑运动的核心人物格罗皮乌斯的美学思想。我认为这个评论并不合适，应该说贝聿铭的作品将格罗皮乌斯的理念转化为美学思想。

他的作品将现代主义建筑运动的理念与最直观的形式表现联系起来。贝聿铭虽然在哈佛大学直接接受了格罗皮乌斯建筑教育，但是他将现代主义建筑运动所否定的艺术概念重新运用到了建筑设计中。

20年代的初期现代主义建筑运动，批判了此前被历史主义风格所束缚的建筑，将脱离布杂（美术）建筑作为口号。CIAM及包豪斯的目标是将建筑从艺术领域分离出来，

*Fine Art Museum馆内

放置到社会和经济范畴中，以“功能”来对抗艺术所追求的“美”。

以艺术的表现完成现代主义建筑

然而，这个时代也有很多建筑师，他们致力于使现代主义建筑获得更高层次的表现。就像贝聿铭所感慨的，如丹下健三、埃罗·沙里宁等，他们致力于将功能转化为“美”。这条道路使建筑脱离了历史主义转向艺术。

无论建筑具有怎样实用的、社会的因素，作为造型艺术，艺术的因素不可或缺。我在与贝聿铭交谈时，询问他的姓氏是哪一个中文汉字，他告诉我是“贝”。

当我听到“贝”这个汉字时，突然明白了他以艺术表现现代主义的表现方式的形成轨迹。也许是因为我想起了让·谷克多的诗句“我的耳是贝壳，怀恋海的声音。”

他的建筑坚硬而强韧，令人联想起弯曲的贝壳那坚硬的构

*［注6］新凯旋门（1989年）La Grande Arche，由约翰·奥托·凡·斯普雷克尔森和保罗·安德鲁联合设计。是高层建筑林立的新市中心德方斯地区的新标志性建筑。边长105m的中空方形的门。

造美感。说到贝壳，勒·柯布西耶也曾发现贝壳的结构是功能与美结合的形态，诗人保尔·瓦雷里也写过赞美贝壳的散文，地中海精神中贝作为大海的恩赐，极有魅力的存在。

卢浮宫美术馆的玻璃金字塔，不仅形态明快，而且玻璃完美的接合也是一大特征。玻璃的接合部分由英国奥雅纳工程顾问公司的彼得·莱斯［注8］担任设计，形成平滑连续的玻璃表面，同时也表现了纤细的钢丝的美。高精度的玻璃面不仅表现了金字塔巨大的轮廓，而且使它如工艺品般精美。

形式明快同时细部精美，令贝聿铭的作品成为艺术品。例如波士顿的基督教科学中心建筑群，停车场上部覆盖的巨大水池独具魅力，水涌出后从周边溢出形成循环系统。水从水池的任意边缘以同样的速度均等地溢出，池边必须经过严密的设计保持各处的水平，才能获得这种效果。这个设计也是精密工作的产物。明快的概念，高精度的施工使艺术焕发生机。

卢浮宫美术馆的玻璃金字塔周围，设计了与基督教科学中

*[注7] 丹下健三，1913年生于爱媛县今治。东京帝国大学建筑系毕业，1949年广岛和平纪念公园设计竞赛获奖。60年代以后在世界各地完成了许多设计项目，成为世界级的建筑师。

*[注8] 彼得·莱斯，Peter Roman Rice，1935-1992年。生于爱尔兰的建筑结构学家。参加过悉尼歌剧院、巴黎蓬皮杜中心、大阪关西国际机场等的结构设计。

心水池相似的水面。最终因为在美术馆上方设置水面，担忧漏水的危险，所以没能按照理想设计。这也是一种对于高精度施工的考验。

巨大而纤细

高精度、精密，属于工学及技术范畴，而这种精密赋予巨大构造物以人性的表现。建筑比一般意义的前卫艺术作品具有更强烈的震撼力，这是因为巨大的规模与细微的精度并存；巨大与纤细，在建筑设计中融为一体时，建筑就产生了魅力。无论美术家如何努力都不可能制作出与建筑规模等同的作品，土木构筑物和大型工业设施无论制造的多么精密，都不能成为接待各种各样来访者的设施。而建筑两者兼顾，这一点意义重大。

艺术概念从武术武艺扩大到炮术及技术的历史，使我们看到了现代艺术概念的起源。

Art这一词汇，其含义原本包含艺术和技术两个方面。当代很多技术因电子化而隐藏在不可视的装置中，艺术行为令不可视的概念重新可视化，过程本身既具有现代意义。

认为建筑是技术的综合应用，是社会经济项目等定义，已经不能完全概括建筑的含义。将这一综合的事业可视化才是建筑最大的意义，也可以说建筑就是艺术。

空间

不再迷信普遍空间的价值

焕发场所的个性

是建筑设计探索的方向

“空间”是现代主义将自身的行为显性化的领域。

“空间”是现代主义打开所有局面的舞台。在宇宙空间、都市空间、建筑空间等原本就存在的空间之外，语言空间、文学空间等概念被提出；还出现了绘画空间、思想空间、政治空间等概念，并提倡空间经济学、空间社会学、空间人类学。这个无处不在的“空间”，对于我们而言，原本究竟意味着什么样的概念？

那并不是物理意义上的空间，而是以其刺激想象力的程度来考量空间的含义。

以风格细部为本的时代

众所周知，19世纪以前折中主义建筑占据主流，复兴往昔建筑样式的历史主义建筑随处可见。在19世纪的大部分时间里，由于复兴中世纪哥特建筑的潮流占据主导地位，因此这段时间被称为哥特复兴的时代。

在样式折中主义的时代，制约建筑的不是空间，而是样式细部的设计。建筑整体的构成属于既定的内容，建筑师们在细部的设计中发挥和彰显自己的才华。建筑师们去往各处探访古建筑，用速写记录建筑的细部作为自己的设计语汇。拥有丰富的建筑语汇，能够根据需要使用并组合它们的人，就是最出色的建筑师。

折中主义时期，建造大空间构筑物的工作主要由工程师而不是建筑师来完成。19世纪陆续出现了许多大空间构筑物，如铁路车站、工厂、温室、博览会会场、证券所等，主要由工程师们以钢结构来设计。与过去的石建筑、砖石建筑相比，钢结构以更加细小的材料却能够获得相同的强度，也因此钢结构的结构体所占比例很小。

当时的一个难题是无法按照传统石建筑的结构比例建造钢结构建筑。建筑师们为了遵循艺术传统，在这些他们认为“不完善”的钢结构建筑的周围和外立面上附加历史样式细部加以遮盖和隐藏。他们认为这样做，“不完善”的钢结构

*［注1］参考“功能”一章的［注2］。
右侧照片为沙利文设计的“卡尔逊·皮里·司各特百货大楼”（芝加哥）。

也能成为艺术作品。

这样的思考方式完全没有意识到建筑是空间的构成物。这种思考方式认为建筑本质就是风格的细部，风格的构成；而空间是属于建筑实用范畴，不是艺术领域的问题。那么这种思维方式是如何转变的？是什么使人们认识到建筑设计是空间艺术、是社会空间设计的技术呢？是对于“功能”的关注。

当建筑设计不只是为了表现壮丽的形式，而是追随功能，成为功能的容器时，建筑被视为满足功能的容器，建筑设计就转变为容纳“空间”的设计。

从功能容器走向观览物的舞台

单纯的“空间”自身并不具有意义，在其中装入了各种功能后才能称之为建筑。建筑师最重要的工作就是功能分析，功能分析产生外在表现。19世纪芝加哥的建筑师路易斯·沙利文［注1］的名言“形式追随功能”成为建筑设计的时代精神和20世纪建筑的基调。很多建筑师在评价建筑时，使用“丰富的空间”、“精神空间”、“空间性的表现”等用语，虽然这些用语在他们之间未必达成了共识，但只要是建筑师就必须要在空间表现方面全力以赴。

然而，随着时代变迁，建筑师们感觉到满足功能的空间并不能满足人类的需求。

这一点可以用一个众所周知的笑话来说明。

某家著名的连锁酒店曾登出了这样的广告，“无论去往何地，○○酒店将为您提供○○酒店的服务。”只有领导时代潮流的酒店才有这种实力，无论在世界上的任何地方都能够提供充满人类文明的服务。他们确实完美地实现了自己的承诺。无论多么未开化的地区，只要有○○酒店，就一定有完善、安心、舒适的酒店生活等着入住者。因此○○酒店成为世界首位的连锁酒店。

然而，渐渐的开始有不满的声音出现。只要入住这个酒

*［注2］约翰・波特曼Jnoh Portman，1924年生于美国南加利福尼亚。乔治亚理工大学毕业，1967年以后，在亚特兰大、芝加哥、旧金山（右侧照片）等城市设计了带有大空间的凯悦酒店。

店，确实在世界各地都能够享受相同的服务；但是现代的商人们不停地往返于世界各地，这周在纽约，也许下周就在巴黎，也可能接着会去非洲。对于他们而言世界各地的酒店都相似反而成为混乱的诱因。

即使是我们，在旅行中也经常会在早晨睁眼时忽然迷惑“我这是在哪里？”对于从事国际贸易的商人而言，世界各地的酒店都相似，不仅不能吸引他们，反而会造成混乱。因此○○酒店开始被时代所抛弃。

其后出现的是具有各种特色的酒店，例如美国建筑师约翰・波特曼［注2］策划的凯悦连锁酒店。这个连锁酒店以巨大的吹拔空间及其中的观光电梯为特征，这个独具魅力的共享空间是连锁酒店的最大亮点。而且各地酒店的吹拔空间风格迥异，使人们不由得不期待入住下一个城市的凯悦酒店。

这时空间已经由功能的容器转化为观赏物的舞台，使用更改预设值的方法进行着转换。满足功能由原来的设计目的变为现在的最低要求，同时空间成为表达特色的装置。大规模的吹拔空间是最易于应用的空间形式，最易给人带来惊喜。

中庭代表的现代大空间

对于高度的敬畏使哥特式建筑诞生，高耸的建筑使人产生形而上学的思维。广阔的空间同样使人产生畏惧，古代罗马的万神庙是内包球体的穹顶，是历史上屈指可数的大空间建筑之一。内部的直径和高度均为44米，因为其简洁完整和巨大的规模，成为最出众的纪念性建筑。

大空间的魅力，来自于巨大的体量和完整的形状，人们对大空间的追求经久不衰；哥特式大教堂、巨大的温室、车站，以及近年来的穹顶体育场，都是巨大形态的完整大空间。也许有人会质疑我将宗教建筑和世俗的设施混为一谈，但实际上它们的本质是一样的，穹顶的球场不正是现代人中为数众多的体育信徒们的神殿！

然而现代主义之后，大空间的建筑表现越来越少。与过

*［注3］伊利诺伊州政府大楼，State of Illinois Center，海莫特·扬设计的公共建筑（1985年）。建筑面积115万平方英尺，内部设置了直径40m，高17层的中庭吹拔空间。除了一层和地下外大部分作为州政府机关办公使用。（右侧照片）

去纪念性建筑相比，它们表现出临时性，这也是现代建筑的共同命运。现代的大空间并不是具有永久性和纪念意义的建筑，无论承认与否它们带有功能容器的特征，例如穹顶的球场充其量是竞技运动的容器。

那么，超越功能容器性质的现代大空间存在于何处呢？大概只存在于被称作中庭的空间中。中庭是建筑中设置的通高空间，近年来很普及，甚至写字楼建筑如果未设中庭就有可能被认为是落后于时代。写字楼是典型的功能容器，而办公功能很难放置到自由的空间中，作为补偿往往设置大量中庭空间。

“海莫特·扬的‘伊利诺伊州政府大楼’”

最具代表性的中庭空间是在伊利诺伊州的中心城市芝加哥建造的“伊利诺伊州政府大楼”［注3］。这座建筑物具有与其公共建筑性质不相符的新颖别致的造型。

整体造型像是一个倒立的圆锥，中央是巨大的中庭空间。整个建筑设计好像就是建造了篮筐形状的吹拔空间，并且将其放置在建筑中。当然只有吹拔是无法构成建筑的，办公空间与中庭连接设置，但是视觉印象及身处其中的感受都会自然而然地集中到中庭空间，好像是一座为中庭而建的建筑。

中庭空间内部涂装了红、蓝等醒目的色彩，使用了交错上下的观光电梯，全体覆盖着玻璃。中庭空间的起源是19世纪的大温室，伊利诺伊州政府中心的设计忠实地继承了中庭起源——温室的气氛，揭示了现代大空间的特质，也集中体现了现代大空间的问题。

首先，空间魅力在于其巨大的规模和视线的通透。大空间中任何地方都可一目了然，什么地方有什么，谁在什么地方，什么地方发生了什么事情，在大空间中都表露无遗。仅仅是这一点就对现代人有无穷的吸引力，因为我们经常是生活在对外界一无所知的状况下。

现代社会的发展特征之一就是许多事物变得不可视，弗兰

*［注4］海莫特·扬，Helmut Yahn 1940年生于德国纽伦堡。慕尼黑理工大学毕业，伊利诺伊州理工大学研究生，师从梅龙·戈尔得史密斯、弗兹鲁尔·康。墨菲/扬建筑师事务所董事长，大学教授。

茨·卡夫卡在《城堡》一书中提到，现代人的不安来自于无法看见的事物，来自于无法了解事物背后隐藏的世界。我们周围的机器经常需要以看到的运行结果来推测功能，只能够在不了解原理的情况下按照说明书进行操控。

通透的视觉效果会给现代人带来精神上的愉悦，中庭对我们而言既是另外一个世界，又如故乡般令人感到舒适安心。在这样的地方体会故乡的情怀，也许会令人觉得悲哀。但是现代人心中潜伏的不安定感，让中庭备受追捧，办公机构也争相搬入拥有中庭的建筑物。

伊利诺伊州政府中心的设计者海莫特·扬［注4］，因为其设计风格的明快，受到公众的赞扬。他将几乎所有设计精力都集中在外部，他所设计的建筑远远看去就可以知道建筑的用途，从旁走过就可以了解到建筑的特色。扬惯用的手法是将高层建筑的顶部设计为独特的形态，使建筑瞬间变得与众不同。

后现代主义时期，参考20年代末至30年代的风格，奖杯式建筑（代表作为帝国大厦、克莱斯勒公司大厦）再一次出现在城市中，接着这个契机，扬的设计成为流行风格。

他在伊利诺伊州政府中心的中庭空间中使用了最大限度的建筑表现，这与他以外观为中心的写字楼设计思路并不矛盾。

象征民主主义的开放性与明快感

两个设计在如何营造明快感方面很相似。在现代技术越来越趋于暗箱化的时代，海莫特·扬的外观设计如同包装设计，给建筑披上外衣，使建筑形象得以彰显。相应的，中庭空间的设计是从内侧进行的包装设计，将其中进行的活动尽可能地以一目了然的形式重组。

因此他设计的中庭空间，与将功能暴露在建筑内部的高技派的中庭空间，例如理查德·罗杰斯设计的劳埃德保险公司办公楼虽然相像，本质却完全不同。扬的中庭所捕捉到的世界，更近似于虚幻的世界。

让我们再次审视伊利诺伊州政府中心建筑。它位于芝加哥市中心，用地是最常见的方形地。在这里建造圆形的建筑，势必会在用地四角留下不规则形状的空白，设计者将这些留白的地段设计为公共广场；为了与周围用地相协调，在广场上放置了建筑墙面、柱子等小品，以便调和圆形建筑与方形用地的关系。

虽然经过了这样的深思熟虑，但是由于圆锥型的玻璃构造体过于强势，这种调和并没有起到多少作用，只有中庭成为这座建筑的主题。

中庭内部令人印象深刻，向上看，向周围看，色彩丰富的内部空间环绕身周，上上下下的观光电梯既可供观赏也可以乘坐。这座建筑是公共建筑，即所谓政府办公建筑，高层部分是办公空间。因为建筑内有本州居民办理手续的业务窗口，所以旅行者漫步其间也不会受到盘问。开放的空间、明快的构成也许是公共事业最应具备的特性，从这一点而言，

*［注5］世界金融中心，西萨佩里Cesar Pelli设计（1988年）。位于曼哈顿岛南端，炮台公园的中心，由带庭院的中庭冬季花园和四栋高层建筑组成。

这座建筑揭示了民主主义时代的建筑表现方式。

自给自足的虚幻空间

然而这样的空间演绎将建筑与周围环境隔绝成为两个世界。虽然它不是为了满足特定功能而设的空间，但虚拟的空间却演绎出了玄幻的、舞台式的空间感受。这个与外界或者说与周围环境隔绝的自给自足的空间，让人感到即具有魅力又蕴藏着危险。

在这里有完整的、自给自足的明快构成，身在其中能够感受到完善的行政服务和平等的精神。然而建筑不止是虚拟的舞台，必须传递给人们其他信息，如建在什么样的城市，被什么样的环境所环绕。

特别是中庭这样的大空间，如何反映周围场所的个性至关重要。站在巴黎卢浮宫美术馆的玻璃屋顶入口，周围卢浮宫古老的建筑群会映入眼帘；纽约世界金融中心的中庭——冬季花园［注5］将窗外的海景引入室内，印证着这座建筑耸立于曼哈顿顶点的辉煌风采。

与此相对，伊利诺伊州政府中心的中庭，营造出一个与周遭世界毫不相关的空间。芝加哥虽然是一座美丽的城市，但在美国知识分子眼中是二流的城市。也许是因为这个原因，这座建筑物按照"让人们忘记身在芝加哥"来经营空间。除了头顶的天空抽象地象征着自然环境，建筑设计舍弃了其他一切环境因素。

建筑设计擅长这种演绎，人们经常用"就如同……"，"就如同不是……"来描述建筑。"空间"的力量，演绎"空间"的力量，使这一切成为可能。但这样的空间是我们希望看到的吗？

对建筑的探索存在于场所特性所在的方向

现代主义建筑在创造空间、评价空间、操作空间上倾注了过多的关注和力量。高举空间这个独具魅力所向披靡的旗帜，世界各地的建筑越来越相似，世界各地都被相同的建筑所占领，成为没有个性的城市。

对于“空间”的过度关注，使世界在单一空间的支配下变得千篇一律。空间概念所具有的极端的普遍性，压制了个性的发展，具体来说，对于空间的关注使建筑走向了轻视场所特性的歧途。

对于空间的过分关注，使人们认定世界上的建筑可以由具有普遍性的统一要素控制，这是一种非常奇特的信念。

而当代建筑正在进行着的各种各样的尝试，都是为了谋求新的价值取向和表现，实际就是源于对迷信普遍空间价值的思维方式的反省。“空间的魔术师”等形容词，真的是在赞扬建筑师吗？建筑的探索是否应该向着发挥场所特性的方向发展？

我相信海莫特·扬思考的不会是与场所无关的抽象空间，他也许曾摸索过如何才能够得到具有场所特性的新的纪念性，然而这个过程或顺利，或不顺利，或者结果事与愿违。建筑批评并不只是批判，而是要设身处地思考和摸索新的可能性，因此至关重要的是对原理的反思。

地图

现代主义的建筑师们

在相互批判的过程中加深了对世界的认识

重构着现代意义的世界地图

现代化拉近了人们彼此的距离，同时世界也在日趋匀质化。因此喷气式飞机可以在半日内将人送到地球上的任何城市，而所到达的城市往往与出发的城市差别不大。

随着日本人的出入国人次增加，使用日语生活的领域扩大了，夏威夷、香港自不必说，在纽约、巴黎等地使用日语也能够购物、观光，这就是现代化。其他国家也有相同的情况，发达的交通、泛滥的信息、体制的变化改变着世界，我们的世界如一个整体的机构在运行。

有一种说法是时间距离地图，不是普通的地图，而是按照到达所需时间表示地点的远近。建设了机场的城市，无论物理距离多远，时间距离都会被拉近；相反，即使物理距离再近，没有有效的交通工具，也会沦为穷乡僻壤。

另一方面，在时间、距离上遥远的世界因为信息的效力瞬间就能传到我们眼前。“秘境”、“未涉足的地域”、“未知的世界”等一系列词汇，在当代具有很大的商品价值，信息产业、观光产业都以此为卖点。现在越是冷僻的地方越是经常通过传媒成为我们茶余饭后的谈资。不仅大城市令人感觉近在咫尺，冷僻的地方也越来越为人所熟悉。

模拟现实的建筑表现

信息可以带给我们模拟的体验。我们知道太多偏僻的地方，但并不知道它们实际是什么样子。可能我们观赏着世界最大型的体育比赛，但实际上根本没有出门。我们知道演员、政治家、名人们，但他们不知道我们的存在。

继而我们看到了非真实的影像，也许感受到比实际更真实的视觉体验，但是影像中反映的世界只是供我们观看的存在，影像不会回应观众。无论是多么美丽的影像，也无论是多么悲惨的影像，只是单方面供人观看的存在。我们藏在能够确保自身安全的地方，窥视着世界。影像虽然渗透进生活却不会构成威胁，只是向我们传达着删节了危险和不便因素的偏僻地域那世外桃源般的景象。

如果在建筑中做相似的事情，会产生什么样的结果呢?

建筑作为实体，如果要将其信息化，就必须和土地分离，在另外的空间秩序中重新构成。最具代表性的是以迪士尼乐园为代表的虚拟的建筑世界。在一个封闭的空间中营造的从未存在过的世界。

相似的还有波利尼西亚村、建造了图腾柱的联合国教科文组织村、世界广场等，都是从其他地方搬来的小世界，是与实物相近的模拟现实。与将偏僻地域美化为桃花源后介绍给我们的影像具有相同的性质。

建筑中的“纯文学”与“大众文学”

然而，无论是迪士尼乐园还是波利尼西亚村，都是旅游观光设施，有人认为如果将它们比作文学，就是大众文学而非纯文学。

建筑师中有许多人认为，建筑的纯文学，是美术馆、博物馆等文化设施，或者政府机关、学校、医院等公共建筑。而对于建筑师而言，最重要的工作是设计文化设施、公共设施。的确，文化设施和公共建筑的使用者众多、社会影响力更强。大多数人认为，建筑的流行风格正是在这些纯文学领域中出现，并且成为公认的潮流。

还有人认为，不仅在建筑分类中存在这种区别，在建筑手法上也存在纯文学与大众文学的差异。直接运用装饰主题和既有风格的手法是大众文学，使用隐喻的、抽象化的形式则是纯文学。例如世界各地的中国餐馆设计，就是以大众文学的方式将建筑符号化。与此相反，纯文学的手法用色彩、空间构成来隐喻文化。

这样的例子很难列举，例如卢浮宫的玻璃金字塔，很明显是以纯文学的手法用异域文化的造型来达到暗示的效果。金字塔的造型不仅暗示了埃及文化，还能够勾起更大范围的联想。换言之，纯文学的手法是赋予观看者各种解释和想象空间的手法。

*〔注1〕矶崎新，1931生于大分县。东京大学建筑系毕业，1963年开设矶崎新工作室。曾获得日本建筑学会奖、艺园RIBA金奖等。东京大学、UCLA、哈佛大学、哥伦比亚大学等大学的客座教授。

*〔注2〕建于筑波科学城中心的「筑波中心」引起了日本关于后现代主义的争论。茨城县筑波市（右侧照片）

激进的纯文学手法就是完全的抽象。例如设计关西国际机场的伦佐·皮亚诺，在建筑说明中形容他所设计的建筑“如同渔夫在大海中航行，首次见到的陆地景象。”这是建筑师的内心独白，很难说他运用了什么造型。

格雷夫斯对筑波中心大厦的批判

建筑家矶崎新［注1］设计的筑波中心大厦［注2］，是筑波科学城的中心设施，是极具公共性的复合设施。设计者运用建筑历史上多种风格的主题构成建筑群。建筑群竣工时，因其纯文学建筑的新奇表现手法，混杂着埃及、文艺复兴时期、新古典主义、英国、法国等建筑主题，曾受到来自各界褒贬不一的评论。

当然，建筑由酒店、大厅、购物中心等建筑组成，视觉上并不混乱。只有那些具有建筑知识的人们会产生质疑，而对于一般人而言这些特征隐藏在建筑群中很难察觉。

*［注3］迈克尔·格雷夫斯 Michael Graves，1934年生于美国。曾在俄亥俄州新西那提大学、马萨诸塞州哈佛大学学习。获得美国建筑师协会名誉奖（1975、1985年）、美国艺术与文学学会阿诺德·W·布伦纳纪念奖（1980年）等奖项。

矶崎新所运用的历史主题没有经过抽象化，如同大众小说般，将其一条接一条地解读并且应用，带给人们与常见的纯文学的抽象手法不同的感受。矶崎新用比较具体的形态来引入历史主题，他所追求的是不同于此前现代主义建筑所秉承的以抽象化、功能性为基础的造型手段，是一种以意义为论据的新的造型手段。追求意义的造型，宏观来讲，就是后现代主义的造型手法。矶崎新因其筑波中心的设计而成为后现代主义的领军人物。

然而，当人们用意义传达而非功能来看待筑波中心时，出现了一些新的质疑和批评。其一，筑波中心用了西洋建筑的主题，那么日本的意识形态体现在哪里？这个质疑是后现代主义的先驱、美国建筑师迈克尔·格雷夫斯［注3］访日时提出的。格雷夫斯以擅长运用造型表现文化著称，正因如此他会提出这个问题。

这是建筑作为流行元素的必然宿命，充满各种意义的建筑，必然遇到谁设计、表达什么意义等质疑。筑波中心如果是西方人设计、建造在欧洲，那么也许那些像珠玉般星星点点的西欧建筑文化元素是具有意义的；然而它是由日本建筑师设计而且建在日本的作品，那么它究竟表达了什么样的意义，批判正是针对这一点。

后现代主义建筑与日本的关系问题此时露出了端倪。后现代主义建筑建立在重新追寻文化意义的基础之上，如果只是直接引进流行的造型设计方法，则丧失了后现代主义最根本的动力。文化与功能主义、建造技术等不同，文化的修正主义是无法直接引进的。

矶崎新在幻想城堡的设计

虽说如此，如果因为是日本的后现代主义就引用各种日本建筑主题，则形成的会是大众小说式的日本风格，也可以说是作为“异国情调的日本”。当代确实有以设计此类建筑引起关注的建筑师。后现代主义以来，如何以现代的方式表现

*［注4］迪士尼总部建筑Team Disney Building(1992年)，在佛罗里达州奥兰多市近郊的一片相当于两个曼哈顿面积的土地上，有一座迪士尼乐园，在乐园的入口建造了迪士尼总部大楼。（下页图）

日本文化一直是一个重要的课题。

矶崎新后来设计了佛罗里达州奥兰多的迪士尼总部大楼［注4］，日本建筑师为推广童话的美国公司设计了总部建筑。

在这种极度错综复杂的条件下，矶崎新展现了他老练的设计手法。建筑是横长的办公大楼，入口设在中央，入口的对面设计了水池。

奥兰多总是令人联想起风光明媚的高尔夫球场，原本这里是湿润茂密的红树林，据传鳄鱼出没，后来人们将这片土地排水开垦，砍掉树木种植草坪，使它成为平整的土地。所以在这片土地上很难表现原生的文化，而最适合于创造一个幻想的异域世界。

在这样的土地上矶崎新采用多种手法来完成建筑的表现。其一是通往建筑物的机动车道的大门，涂成黑色的鸟居形式的大门两端是两个圆环，使人联想起迪士尼最具代表性的主人公米老鼠的耳朵。在入口设置这样的形式，成为浓墨重彩

*［注5］令人联想起米老鼠耳朵的强调之处。

的一笔［注5］。同时入口大门伸展的轮廓，正好留下一道投影，看上去又像古典主义建筑的爱奥尼柱式的柱头。

建筑中央入口所在的部分，是上部略微收缩的圆筒形，最上部有黄色的突起，是日晷的指针，也有人评价黄色的基调使人联想起唐老鸭的嘴。后者将形式联想与迪士尼主人公联系起来的解释似乎更符合时尚。

中央入口部分使用亮丽的柔和色系，由几何形状组合，不仅形成了建筑物的中心，也是造型上的重点。向两侧延伸的事务所部分，表面为色彩交替的格子图案，内部是中央走廊形式的办公区域，并没有加入复杂的手法，只是符合实际要求，具有实用性的设计。

再看建筑物的入口，巨大圆筒的内部中空，是一个铺满鹅卵石的中庭，向外侧突出的黄色日晷的指针同样也向内侧突出，在圆筒形的内部形成了另一个日晷。

铺满卵石，既没有树木也没有水面的中庭，令人产生不真实的异样感觉。最初造访时，我感到很吃惊。

而且圆形混凝土的墙壁在上部缩小包围着空间，在中庭中漫步，脚下会传来卵石撞击的喀拉喀拉声，周围回荡的声音也令人感到虚幻。一瞬间，我觉得这个中庭是“赛河原”的再现。在生产梦幻的迪士尼总部建筑的中心放入“赛河原”，这是多么奇妙的创意！迪士尼的世界与赛河原确实在“不寻常”这点上有共通之处。

伊势神宫的“古殿地”和宇治的平等院

将这里比作赛河原还是有些不妥，既然令人感到不寻常，那么这个场所一定还隐含着其他的形象暗示，当时我想到了伊势神宫的“古殿地”。

古殿地指的是一片空地，如人们所熟知，伊势神宫每二十年进行一次整体翻建。这种被称为“式年迁宫”的惯例已延续了上千年。为了使翻建得以实现，伊势神宫的内宫、外宫所有建筑都有两片相同面积的用地。

*［注6］迪士尼总部大楼的意向构思速写。

在已有社殿旁的用地上再建造一座社殿，建成后将供奉的神佛移至新殿，即为迁宫。移出了神佛的社殿就可以拆除了，只留下用地以备二十年后翻建时使用，这块空地就叫做“古殿地”。为了使古殿地上不生长草木，因此铺满卵石。

迪士尼总部大楼的中央空间就像一块“古殿地”，为什么矶崎新会将“古殿地”这个极具代表性的非常规空间引入这里，我感到困惑。

古殿地是日本式空间的象征，难道矶崎新是想将其作为日本建筑师的署名？抱着这种观念再次审视建筑整体，横向伸展的建筑物前设置水池，水池中布置小岛的布局让人联想起宇治的平等院设计。平等院是具有代表性的日本建筑，凝聚了日本式美学的精华。

迪士尼总部大楼是美国式的设施，矶崎新在抽象化的形式中引入了日本代表性的空间构成。事后我曾直接询问他是否是这样的设计思路，他的回答是肯定的。他还说“卵石的尺寸很难制定，所以我画了速写来示意材料的尺寸”。而关于

*［注7］天鹅酒店（右图），海豚酒店（下页图），Walt Disney World Swan Hotel, Dolphin Hotel（1990–1991年），M·格雷夫斯设计。

设计中与平等院的相似性是否存在，他所绘制的建筑物构思速写［注6］就是最雄辩的论据。

建筑设计是操控多样化构成的“游戏”

迪士尼总部大楼建在历史短暂的佛罗里达州，是典型的美国式企业的总部，由日本建筑师设计。在这种当代特有的背景下，建筑物充满妙趣横生的手法，并且融入了日本建筑师的意识形态。

这座建筑物色彩丰富，在阳光映射下充满南方建筑特有的蓬勃朝气，同时又凝聚着智慧。当代的建筑既具有表面呈现的外观，又有经过推敲的室内，大多是多样化构成的产物，建筑设计正是操控多样化构成的“游戏”。

奥兰多拥有迪士尼世界公园，是一座提供各种游乐设施的旅游城市。为旅游者服务的酒店就是曾批评过筑波中心设计的迈克尔·格雷夫斯设计的。

格雷夫斯设计了天鹅酒店和海豚酒店［注7］两座建筑，天鹅和海豚是童话中出现过的动物，引发了人们无数的联想，也是孩子们喜爱的童话主人公。格雷夫斯将天鹅和海豚放在酒店的屋顶上，典型的美国式的旅游地设计手法。作为一个后现代主义者，格雷夫斯将童话主题变为最大众化的表现。

然而结果却很容易使建筑物表现得过于直白而缺乏内涵，也就流于大众小说式的手法。在奥兰多的建筑设计竞争中，可以说矶崎新胜出。

建筑师们在进行着这样的游戏，在自己设计的建筑中融入各种手法，开拓新的表现方式。在这个过程中，必须引入各种因素，例如，如何在表现中保持建筑师的意识形态；如何对应时代、如何对应土地、如何解决建筑的个性问题；如何解决与周围环境的关系等。这些尝试的汇总推动着当代建筑的发展。

*［注8］著者爱德华·沃第尔·萨义德，美国哥伦比亚大学英国文学、比较文学教授。1935年生于耶路撒冷，巴基斯坦人，1978年出版《东方主义》，批判「西方的东方概念和支配形式」问题。

当代建筑绘制着新的世界地图

当代建筑的世界不再以欧洲建筑文化为核心，而是各种文化表现汇聚，构成了多极的世界。这也是建筑力量的一方面表现。很多精神领域的科学仍然围绕着西欧世界运转。现在已经有著作开始指出世界并不是由西欧形成的。

其中最有代表性的是E·W·萨义德的《东方主义》［注8］。他提出了东方主义是相对于西欧形成的异文化概念，揭示了东方主义中的西欧因素。

人们意识到世界不是由西方形成的，还存在东方世界，这个东方世界是独立的存在。人们也注意到世界并不是按照西欧（Occident）对东方（Orient）的二元论形成的。

例如，日本的存在，不属于东方，从地理上看日本是东洋的岛国，也许东洋属于东方，但如果按照东方是以伊斯兰教诸国和印度为中心形成的概念，那么确定当代日本位置的图示或者说世界地图尚未完成。

建筑固定在大地上，深深浸润着孕育它的文化，据此可以绘制出世界地图，然而这只是历史的地图。当代建筑，是国际化、无国籍的，但是其中蕴含着当代的世界地图。矶崎新的迪士尼总部大楼就是最好的例子。

建筑师们跨越国境从事设计活动，通过相互批判加深对世界各地文化表现的认识，使当代的文化地图呈现出来。无论建筑设计运用多么国际化的表现，它仍然不可能是完全抽象的空间构成技术。

场所

没有放之四海皆准的建筑

「场所」赋予建筑

与生俱来的个性

至此，本书完成了环游世界探寻现代建筑的旅程。这个旅程还探寻了现代这个时期产生的背景和脉络。现在让我们来看“场所”问题。

在建筑的定义中，必有一项“占地”，这一项在某些时代因其不言自明而被人们忽视。将建筑看作为不动产项目时，实际是强调了建筑固定于土地的特点，而在历史上的某些时期曾将这种强调看做是对建筑所具有的精神性的亵渎。然而，建筑占据场地，形成场所特性，建筑与场所间确实存在相互影响。

如果将建筑看做具有功能的结构体，则建筑就要以机械为模仿对象。实际上在20世纪，建筑设计正是以机械为模本。然而当机械电子化、智能化，功能失去了原本可视的结构，追随机械的建筑设计也失去了目标。

以建筑表现为文化符号的后现代主义，是超越功能建筑（以机械为楷模的建筑）的最初尝试。但是文化符号，在出现了一次后，如果第二次出现就丧失了震撼力。安置了海豚

*［注1］路易斯・康 Louis Isadore Kahn，1901–1974年，出生在爱沙尼亚的萨拉马岛。他的设计使用混凝土、砖作为基本素材，重复操纵着立方体、三角形、拱券等单纯的几何形态，没有装饰却蕴含着深刻的思想。（关于建筑师的内容参考［注4］）

装饰的酒店，用天鹅装饰的节点，初次看到时令人震撼，第二次第三次造访时就会觉得肤浅。

重新审视场所对于建筑的意义

建筑表现应该更具有持久性，更能够反映本质。“场所”虽然一般只被看做建筑成立的前提，实际上却隐含着建筑成立的本质。我们应该重新认识迄今为止被当作建筑设计制约条件的“场所”的意义。

现代主义建筑一直在尝试摆脱场所的桎梏。勒・柯布西耶热衷于底层架空柱的使用，将建筑抬离地面，把人从大地上解放出来，让建筑摆脱束缚于土地的沉重感，获得轻快的振翅欲飞的形态。不受场所制约的建筑被称作国际风格，正如这个名字所展现的，国际风格展翅飞翔至世界的每一个角落。这是现代主义建筑的胜利，是建筑普遍性的证明。

然而，当现代主义建筑充斥世界，我们意识到自己正在

*[注2]理查德医学研究所(1957-1965年)。宾夕法尼亚大学医学部建筑，由主「被服务空间」与次「服务空间」组合构成，是康的初期代表作。

失去一些东西，那些抚育我们、组成我们文化的一部分，正在被连根拔起。这时我们才意识到我们赖以生长的根基依存于场所，失去它我们就如同无根之草，成了没有依附地的存在。人们重新认识到建筑之所以比机械更永恒，正是因为它有自身存在的场所。

康没有拙劣的作品

路易斯·康[注1]一直受到高度评价，伴随着现代主义建筑的终结，他的作品被重新从各个角度认识、评论。对于康的评价，主要有两点，一点是认为他设计的建筑形态有很强的表现力，另一点是建筑设计对于场所的刻画和表现。

康作为建筑师成名很晚，但是他的建筑设计从开始就有很强的存在感。每当我看到他的作品，都会由衷地感叹："康没有拙劣的作品！"建筑游学本是一件愉快的事情，而每次参观了康的作品，我更会庆幸不虚此行。

*［注3］萨尔克生物研究所（1959-1965年）建在圣地亚哥的太平洋沿岸地区，以与自然的对比为特征，使用混凝土、柚木、大理石材料，是具有古典主义内涵的作品。

漫步在宾夕法尼亚大学的理查德医学研究所［注2］周边，独自感受那种愉悦的心情；走在萨尔克生物研究所［注3］的中庭中，每每希望能够长久停留在那里；在耶鲁大学的美术馆（1953年）和英国艺术中心（1974年），为建筑上既优雅又如机械般精密的细部设计所倾倒；感受德克萨斯金贝尔美术馆［注4］那无可挑剔的光影与空间的融合。

在这里我想描述的是新罕布什尔州乡村中的菲利普艾斯特中学图书馆［注5］的妙处，这里呈现的是支配美国建筑发展的基本价值观。

菲利普艾斯特中学相当于日本的高中学校，也可以说是初高中一贯制的寄宿学校。按美国的说法是预备学校，是私立的名校。

一般认为美国的大学大范围招收学生，对他们进行严格的教育，实际上美国在大学入学时就存在差别。东部的常春藤联盟及东部被称为“七姐妹”的七所女子学校等都是名校，西部、南部、中部也有这一类的名校。

*[注4]金贝尔美术馆（1966-1972年），建于德克萨斯州的福沃思市，用于收藏金贝尔夫妇的藏品。因天棚的巧妙采光，整体构成的工整引得嘉誉。

这些名校的学生主要来自有名的私立预备学校，私立预备学校出来的学生被称为“预备学校的小子”，与一般的学生不同。日本一些著名私立学校的学生也有很多进入有名的大学，是承袭美国的做法。

但是与日本截然不同的是，预备学校的环境非常好，美国所有私立预备学校都拥有广阔的校园、整齐的建筑群和充实的教学设施。日本环境比较好的大学校园与这些美国预备校也无法相比。因此我常看到一些介绍菲利普艾斯特中学的报道将其误认为是大学。

菲利普艾斯特中学是美国东部的著名预备学校之一。艾斯特是一个小镇，有些像大学城，是以这所中学为中心形成的。学生们在这里接受寄宿制的学校生活，准备进入大学。

康与现代主义者截然不同的造型观念

我们先了解一下这所中学所在的新罕布什尔州。新罕布

*［注5］菲利普艾斯特中学图书馆（1967-1972年），Library, Phillips Exeter Academy。阅览室和开架式的书库围绕六层的吹拔空间布置，主要材料是砖和混凝土，窗栏为木质。

什尔州位于美国北部，从波士顿驾车需二三小时，日俄战争的停战条约就是在这个州的朴次茅斯签订的。艾斯特与朴次茅斯距离很近，冬季严寒，原本给人的印象是贫瘠的生活环境。但是我听说酒税是这个州的主要收入，而且所得税低得接近于零。结果就是新罕布什尔州集中了很多富人。菲利普艾斯特中学也许就建立在这种地域背景基础上。

路易斯·康不是出身于这样的预备学校，他1901年生于爱沙尼亚，5岁时移民美国，在美国接受教育。大学时师从美国布杂学派的传人保罗·克瑞特，没有置身于现代主义建筑的大潮之中。在他的建筑设计中圆形、正方形、三角形等基本形态占据重要地位，其背景是与现代主义建筑的功能至上不同的布杂思想的造型观念。同时作为犹太人的文化背景也深深影响他的造型观念。

他真正开始建筑设计的时间很晚，扬名之作耶鲁大学美术馆（1953年）是他五十岁之后的作品。此后的二十年左右时间是他创作的多产期，直至他1974年突然离世。

＊菲利普艾斯特中学图书馆
右图

而且他的离世也带有悲剧色彩，从印度艾哈迈达巴德回国途中在纽约宾夕法尼亚车站死于心脏病突发。康在进行建筑创作的过程中被当做不明身份的人死去，如同一个殉道者。

康在建筑道路上留下的烙印，在于建筑秩序的建立，及建造场所个性的表达。菲利普艾斯特中学的当权者在最初建造图书馆和学生食堂时，计划使用保守的新乔治亚风格，随后认为应该在校园中引入现代化的建筑表现。路易斯·康在接受设计委托后，认为图书馆不仅是为了书建造的，也是为了那些与书接触的人们建造的，他所构思的图书馆建筑以书籍为核心，阅读者被书籍环绕。

圆与立方体支配的理想空间

到访菲利普艾斯特中学的人，看到茂密的绿树、红砖的古典校舍，和其中行走停留的学生，会对校园19世纪建筑群产生良好的印象。

*[注6]参考“功能”一章的[注1]。左侧图片为他所思考的理想的人体图。

图书馆就以相当强势的姿态坐落在校园中央，如同立方的红砖箱体放置在草坪上。从高度和体量上都远超过周围的建筑群，但因为建筑物的边角部分设置了纵向的宽缝，所以并没有对周围建筑造成威压或者侵扰。为了与周围环境相协调，建筑物使用了红砖外墙，但是又不同于只关注周围环境的经验主义设计。

这一点当我们踏进图书馆内部就会一目了然。从中央部分巨大的吹拔空间，透过周围素混凝土墙壁上的圆形孔洞，可以看到墙与墙之间的书库中排列的书籍；向上望去，就会看到成对角线的巨大混凝土梁支撑着吹拔空间的顶棚。在图书馆正方体空间中再藏一个正方体的吹拔空间，进入图书馆的人们置身于建筑物的中心，置身于书籍的包围之中。

这是一种在现代主义建筑中几乎绝迹的具有向心性的空间，在这个空间中潜藏着宗教建筑所独具的威压感。

古代罗马建筑师维特鲁威［注6］将人与圆、正方形组合起来，描述了理想的人体。菲利普艾斯特中学图书馆以吹拔空

*［注7］十五、十六世纪的欧洲文艺复兴时期兴起，复兴古代艺术，尊重人性的运动。人文主义，代表人物以彼特拉克、卜伽丘为先驱，还有埃拉斯穆斯、拉伯雷、蒙田、托马斯·莫尔等人。

间控制的圆形与方形，似乎实现了维特鲁威的理想空间，表现出了对欧洲人文主义［注7］传统的信仰。

这个具有强烈向心性的空间周围是层叠的书库，阅读空间布置在书库周围，校园的绿色风景仿佛透过旁边的窗户流淌进来。坐在阅览席上读着书，偶然侧首，能够看到窗外草坪上奔跑的学生。图书馆不是孤立的只为阅读服务的箱子，是感受着校园气氛与书籍接触的场所。

康的建筑表现方式，使人们通过亲身感受了解到校园中图书馆的存在方式。更有趣的是，在书库分隔出来的阅览空间中，设计了暖炉。书库是为了保存书籍的管理空间，必须是防火空间，并且严禁用火。为什么要在图书馆中用火确实很难理解。

即便如此，暖炉的出现让读书成为一种家庭式的乐趣，在暖炉边读书思考，令人感慨人生竟然可以如此丰富！图书馆不再是书籍的管理设施，而是享受读书乐趣的家。

路易斯·康还设计了图书馆傍的食堂。他从丰富生活设施的形态入手，使学生生活更加充实丰富。食堂不再是学校的附属设施而成为中心建筑。建筑物不仅在形态上具有向心性，而且其空间在精神层面也具有凝聚力。这个空间并不抽象，它具有场所的存在感。

因普遍性而失去的事物

20世纪的现代主义建筑追求国际式这一具有普遍性的建筑风格，在普遍性的遮蔽下，建筑所固有的“场所”特性被忽视。建筑物占据场所完成建设，并因此构成了我们的历史。

但是随着现代主义建筑的普及，认为建筑应该具有放之四海而皆准的普遍性。这种观念占据主流的结果是世界各地的建筑都成为相似的形态。

超越场所的存在，看似建筑取得的胜利成果，实则是现代主义建筑非人性化的表现。场所性的丧失，带走了我们生存世界的安宁。以功能性体现存在的建筑，与人们以功能标准评价自身的倾向有共通之处，认为有用的存在才是有意义的存在，少数人、弱势群体的存在是多余的，对依赖他人感情存在的事物采取贬低的态度。只要建筑还是构成人们生活的街市城镇的元素，是世界的组成部分，那么就不可能与世隔绝。

对土地的感受决定建筑的个性

建筑在满足普遍的功能需求、具有高性能的同时，构成场所特色，这并不是对立的两面。菲利普艾斯特中学图书馆的设计说明，不论建造在何处，建筑设计都可以体会场所的个性，为延续特色做出贡献。

这座建筑的设计使向心性和与周围环境的协调性这两种相反的特色同时成立，并且通过戏剧化的空间体验，令人们用身体去感受这种两面性。康在美国西海岸的萨尔克生物研究所的设计中，也运用了发挥场所特色的手法。萨尔克生物研究所是脊髓灰质炎疫苗的发明者乔纳斯·萨尔克在加利福尼亚州海岸创设的生物研究所。

萨尔克希望这个研究所的设计可以“邀请毕加索进实验室”，因为他的妻子是毕加索的某任前妻。

面朝太平洋的用地，在西海岸充足的日照下，显得生机勃勃，但这块土地上并没有可以令人产生联想的历史。康所设计的研究所以铺设了大理石的中央广场为核心构成，广场的中央为狭窄的水道。在西海岸水是最能够安抚人心的事物，强烈日照下静静淌过的水流，喻示了富饶的环境要素；而水流与太平洋联通，喻示着建筑物与大地密切的联系，诞生了新的场所特性。

菲利普艾斯特中学图书馆虽然是在完全不同的土地上建造的建筑物，但是也同样有对土地的认同。新罕布什尔州的气候不适宜采用屋顶平台和开放式的构成，康在这里的设计顺应了当地的气候条件。在现代主义建筑使世界城市环境趋向均质化的时候，个性化环境的构成之路也在延伸。

作为“场所精神Genius Loci”的建筑

当人们在关注土地的可能性、认识场所个性的基础上建造新建筑和城市时，经常提到“Genius Loci”这个概念。Genius Loci即场所精神，就是土地潜在的可能性，形成场所历史背景的文化积累。这一用语来自拉丁语，从古至今一直存在于西欧文化中，曾译作“守护神”或者“地方神”等。

场所精神的概念受到关注，是由于对场所性的忽视使我们不论走到哪里，都被相同的城市和建筑包围。文明的进步反而使世界变得一成不变，各个地域都不再具有无法取代的场所个性。

如果这个趋势持续下去，我们的生活将越来越接近没有实体的抽象环境。所幸建筑不仅是技术的产物，还包括其他因素，我们或许称之为艺术，或称之为表现领域的事物，或是价值判断的分支。不论怎么称呼，建筑因为具备这些要素，才能避免完全技术化的危机。

如果现代主义建筑的历史停留在追求功能的层面，那么建筑就势必在技术化的道路上越行越远。然而因为建筑具备技术以外的要素，所以并没有长时间的停滞和迷茫。后现代主义的建筑是建筑师们为避免其过渡发酵，而进行的本能选择。

建筑绝不是普遍性的存在，它是一次性的、针对某个场所、经过个别的构思设计并建造的。这是建筑与先进技术的差异，也是被批评落后于产业发展的原因。也正是因此建筑才能够与人类活动密切相关，并且充满变化。“场所”要素必须重新引起我们的重视，它能够阻止建筑趋向均一的进程。

为了亲身体验某一栋建筑，我们千里迢迢去往建造它的场所，只有当我们站在建筑物矗立的那片地方，才能看到建筑原本的状态。此前的旅途，是寻求建筑理念的过程，也是确认建筑与场所关系的旅程，当建筑对其所矗立的场所做出贡献时，它开始具有意义。

后记

本书的构成特点是以关键词作为线索对独立的作品进行总结，并以此对现代主义建筑进行梳理。12个关键词的选择可能给读者过分随意和唐突的感觉，但是，通过这些概念来把握建筑的状况，我觉得是一种既新颖又具挑战性的尝试。

当然，本书所提到的建筑都是我个人认为非常有吸引力的作品。但从某种意义上讲，我并不是对所提到的建筑都持肯定态度，而是通过对它们进行分析来表达一种更深层的微妙感受。

衡量和点评建筑是一项非常难的工作，确定一个合理标准并借此将概念和作品相结合，是考虑这一问题很有效的方法。另外，需要提前说明的是，本书的写作目的与其说是为建筑师服务，不如说是为大众提供一个了解建筑的机会。我本人是一个普通人，人们都说建筑师写的东西生涩难懂，对此我十分赞同，本书是否做到了深入浅出，就只有读者自己判断了。

本书的原型是1994年1月到12月在《先端人》杂志上连载的“建筑的进程”一文。这是一个很有意义的时期，从时间上大家可以看出，连载正好是在泡沫经济最热的时候进行的。连载刚刚结束，《先端人》杂志就停刊了，而且前年，出版此杂志的三田出版社也由于母公司的破产而停止了所有的业务。所以这一连载可以说是与泡沫经济同生同亡了。在连载过程中，承蒙当时的总编辑小川俊树先生的多方关照，得已愉快顺利的进行，在此深表谢意。另外，由于是在一般的科普杂志上刊登，出版方对我提出了“面向广大一般读者，尽量避免建筑师的专业术语，使用浅显易懂的表达方式”等要求；我十分乐于接受这些要求，本书如果在拉近现代主义建筑与一般社会的关系上能够略尽薄力的话，我将深感欣慰。

人们常说任何信息过了五年就完全过时了，泡沫经济时期的建筑论，在现在是否还具有意义，对此我曾感到不安。然而我又考虑到现代主义建筑的各种问题正是在泡沫经济时期出现的最多，从这一时期选取关键词和建筑作品进行讨论应该是具有代表性的。特别是关于建筑与“场所”的关系，就我个人认为，仍然是当代建筑的重要课题。

出版此书的王国社的山岸久夫先生以其完美的手法为本书进行了编辑，感谢之意无以言表。有关建筑物的照片，除了代官山集合住宅以外，均为本人自己拍摄。

铃木博之

铃木博之（Suzuki Hiroyuki）

1945年东京出生，1968年东京大学建筑学系毕业，并在该校读完博士课程，1974-1975年伦敦大学美术史研究所留学，1993年任哈佛大学客座教授，现为东京大学教授（建筑学）。

著作：《建筑的世纪末》、《现代建筑师》（合著）（晶文社）；《建筑不是士兵》、《建筑的七个力》（鹿岛出版会）；《绅士的文化》（日本经济新闻社）；《梦想的住宅》《建筑师们的维多利亚王朝》（平凡社）；《东京的地灵》（文春文库）；《伦敦》（筑摩新书）；《维多利亚哥特式的破灭》（中央公论美术出版）；《看得见的城市／看不见的城市》（岩波书店）；《城市》（中央公论新书）；《图书年表—西洋建筑风格》（编著）（彰国社）等。

译著：J·萨默森《天上的建筑》（鹿岛出版会）；《古典主义建筑的系谱》（中央公论美术出版）；R·朗道《英国建筑的新倾向》、H·斯特林《图集世界的建筑》（上下）（鹿岛出版会）；N·佩夫斯纳《拉斯金与维欧勒·勒·杜克》（中央公论美术出版）；《美术建筑设计的研究（Ⅰ·Ⅱ）》（合译）、《世界建筑事典》（监译）（鹿岛出版会）等。

杨一帆

2009年 东京大学建筑学专业工学博士毕业

2011年 清华大学建筑学院博士后出站

1999-2009年 师从铃木博之先生从事近现代建筑历史及理论研究

现为 北京建筑大学教师

翻译过《图解室内设计科教书》《简明无障碍设计》（均为中国建筑工业出版社出版）

从事过“望京楼夏商时期城址保护规划”“宝庆府古城墙保护规划”“阳谷坡里教堂修缮方案”“华林造纸作坊遗址保护规划”等项目

著作权合同登记图字：01-2012-3616号

图书在版编目（CIP）数据

论现代建筑 /（日）铃木博之 著；杨一帆，张航 译．
北京：中国建筑工业出版社，2015.10
ISBN 978-7-112-18036-3

Ⅰ．①论… Ⅱ．①铃… ②杨… ③张… Ⅲ．①建筑学－研究
Ⅳ．①TU-0

中国版本图书馆 CIP 数据核字(2015)第 079821 号

原著：現代建築の見かた（初版出版：1999年03月25日）
著者：鈴木博之
出版社：王国社
本书由日本王国社授权我社独家翻译出版发行
责任编辑　刘文昕
书籍设计　瀚清堂 贺伟
责任校对　姜小莲 赵颖

论现代建筑
［日］铃木博之 著 / 杨一帆 张航 译

中国建筑工业出版社出版、发行（北京海淀三里河路9号）
各地新华书店、建筑书店经销
南京瀚清堂设计有限公司制版
北京顺诚彩色印刷有限公司印刷

开本 787×1092 毫米 1/32 印张 7 3/8 字数 200千字
2017年1月第一版 2017年1月第一次印刷
ISBN 978-7-112-18036-3
（27291）
定价：39.00元